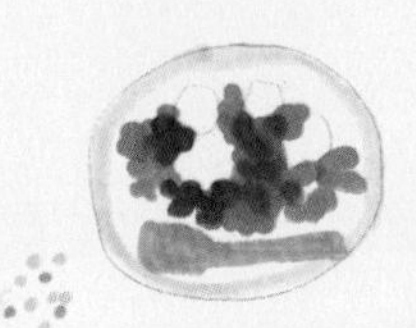

# 再來一碗飯

53道中菜到味秘訣！

邱裕民 著

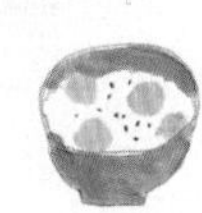

## CHAPTER1. 廚房裡的真功夫

## CHAPTER2. 記憶中的好味道

## CHAPTER3. 餐桌外的家常菜

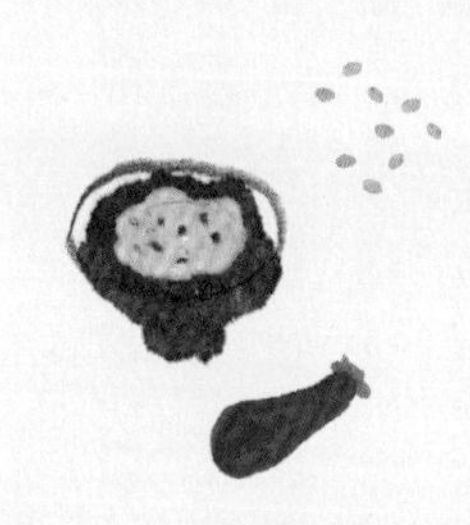

## CHAPTER4. 不變的地道口味菜

# 作者序

## 最愛還是中菜

待在廚房的時光在我的童年記憶裡佔有很大的一部分。記憶中偌大的廚房以及數個房間般大的冷藏庫裡總是充滿新奇的事物，如手臂般粗的改良香蕉，成堆的鳳梨芒果，搬也搬不動的大西瓜，一桶桶巧克力冰淇淋，還有數不盡的豬肉、牛排吊掛在冷藏間。艾莉絲夢遊仙境從沒看完過，但是我的廚房際遇就像這般夢境真實上演。當其他小孩子還在著迷小叮噹或在地上玩公仔牌的年紀，我早已混跡廚房有一些時日了。

有這樣的機緣全因為父親是一家大飯店的總傅師，所以我活脱像個小霸王橫行於廚房之間，與其說我像個小霸王，還不如說是父親的餘蔭罩著我，還有飯店叔叔阿姨對我這個小搗蛋多所容忍。偶而我會興之所至洗手作羹湯，享受庖廚樂趣之外，也滿足成就感，這也是與家人聯絡感情最有效且迅速的方法。不過拿來做為一個職業或是一生志業，辛勞與甘苦非業外人所能夠了解，所以父親打從心底不鼓勵我從事這個行業，而且當時並沒有烹飪學校，也沒有阿基師、詹姆士等這類光鮮亮麗的明星廚師，那時只有不喜歡讀書或讀不來的孩子們會去當廚房學徒。除非不得已，哪個家長會願意自己子女從事這個不算很體面的行業？

雖然家人不鼓勵，但是我依然是「割頭韭菜」不死心，一得閒總是會到進口商買些香料和食材，自己在廚房玩了起來。當初以西式料理起頭，是受到在美國經營餐廳的小阿姨的影響。臺灣一般家庭連冰箱都沒有的年代，小阿姨透過管道由美軍顧問團的美軍福利中心，弄到店冰箱以及奇奇怪怪的洋食品，如酸黃瓜、起司、油漬鮪魚罐頭、午餐肉，這些稀奇的玩意，一般尋常百姓別說品嚐，連聽都沒聽過。因此中學以前一段日子，家中的一半飲食相當西化，如此養成之下，高中時期就可以自己製做手工義大利麵、披薩、酸酵種麵包或吐司等。

在人生低潮的那一年，由於物料飛漲，索性結束義大利麵館，也陸陸續續辭去椰林以及PTT的Cook板板主，是思索，也是重生？毅然決定遠去中國大陸，並投靠在上海從事餐飲工作的親戚。到了上海才發現，身處中菜的發源地才能真正領略中菜的豐富、廣博、多樣性與迷人的內涵。其間於會館工作，接觸了各菜系師傅，也極盡所能的向師傅們奉承、諂媚、賄賂、利誘加上博感情，不外是想一窺各菜系的拿手本事與竅門，雖有言道：「功夫是萬底深淵，說破不值錢」，然而他家的心血不指點你，任你抓破頭也是難以覷其堂奧。

此後到中國不是在遊山玩水，就是探尋美食，遊歷過山東、華東、華南，除了增長見聞，也可開闊心胸。每到一地總會尋找當地的露天菜場，有一說「十里不同風，百里不同俗」，不同地區的物產也是如此，一樣是冬天生產的蘿蔔，到了山東卻成了滋味清甜，可以當水果吃的蔬菜，這是台灣島嶼人們沒有的經驗，人說行萬里路，讀萬卷書，說的就是這個道理吧！在中國各地吃的小吃佳餚大多會仔細品嚐，每逢佳品則會試圖分析食材組成以及作法，由於是理工學習專業的背景，讓我有著獵狗見著野兔一般的強力驅使感，一直追求事務的本質，這項特點有時會讓周遭的人招架不住。

華人終究是華人，由台灣轉至美洲再到中國，繞了一大圈還是回到根本，我愛西式料理，但終究最愛的還是中國料理。我不是個老學究，也不是古籍堆裡的蠹蟲，對於飲食一向抱持科學理性的看法以及感佩崇敬的心態，所謂遵古而不泥古。老祖宗留給後人的這片瑰麗寶藏，猶如英國科學家牛頓爵士所言：我如同一個在大海邊玩耍的孩童，把自己投入璀璨的飲食文化之中，然而前面有如浩瀚大洋，是一片尚未被發掘的飲食文化。

## 寫在前面

# 追求到味

可曾想過，人類吃食物為了什麼？維持人體正常機能或是辨味愉悅自己？

西洋人用性寫歷史，而中國人用食來寫歷史。孔夫子也老早提過「飲食男女，人之大欲存焉」，要先有飲食，才有男女可論。《論語》不乏傳授飲食之道，核心主旨為「禮」，顯見咱們老祖宗極為注重飲食的基本人生課題。中國古代農業生產力比現代低，加上天災人禍，食物總量不夠廣大人民吃飽喝足，因而黎民百姓長時間籠照在饑荒恐懼之下，格外珍惜食物，因此發展了更深刻的飲食體悟與享樂文化。

回首觀看西洋飲食史，當人們還在茹毛飲血，男子在叢林間與野獸拼搏時，中國人早已發展了飲食之道，如食物質量講究、味覺探討追求，並且做出了探究與歸納，如《呂氏春秋．本味篇》「五味以和，是鼎中之變，精妙微纖，口弗能言，志弗能喻」；又如《清．顧仲．養小錄》「本然者淡也，淡則真。」由此可知，中國人把大量的智慧與精神投入飲食之道，積極建構悠久璀璨的食文化，豈是西洋飲食觀可比擬？

文人與饕客是美食文化的推波助瀾者，美文軼事讓食物披上了歷史與文化美感，如中國四大名著都不免提到飲食，篇幅大小互異，但仍不失重要性，《紅樓夢》則是箇中翹楚，由此得知作者曹雪芹是一位大美食家。《隨緣食單》的作者袁子才也是人人皆知的美食家。

國畫大師美食家張大千曾表示「吃不僅僅是為了果腹，吃是人生最高藝術。」吃是否為最高藝術見仁見智，可以商榷，但卻是人生在世最基本、也最卑微的需求。人們說，人生在世，惟吃喝兩字，這已經說明一切了吧！

飲食之道是老祖宗留下的瑰麗遺產，也是避免不了的終生事業，為何不好好的咀嚼享受它？這也是撰寫本書的主要目的。所謂天下沒有白吃的午餐，不敢告訴你看了本書可以旋即成為廚神，只用最嚴謹謙卑的態度，最樸實不華的工法，沒浮誇，沒矯飾，沒就簡，不讓您花錢當冤大頭，施以講究食材，加之精微火候，唯一的目的就是要享受食物的每一滴精髓，求的是五味調和，崇尚味道為王，一言以蔽之曰：「到味」爾。

CHAPTER 1

# 廚房裡的真功夫

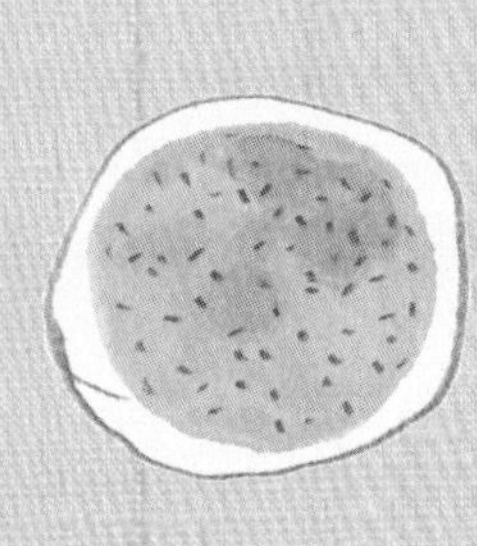

勤能補拙，熟能生巧，有些事情需要靠天分或是需要下功夫勤加練習，或是兩者皆要。這裏挑選各種不同的烹調方式，目的是要在這裏建立良好的基礎以及正確認知，除了有代表性外，最主要是要簡單，沒有其他較複雜的需求。只要做過一次，即使成果不盡理想也不用擔心，總是會有收獲的。因為你正在前往完美的道路上，人說失敗為成功之母，即是此理。

# 煉珍堂使用須知

## 中菜烹調基本概念

所謂煉珍堂就是廚房，為唐代《食經》裡出現的雅號。有言道：「入境而問禁，入國而問俗。」異地遠遊理當依隨當地的風俗，到了陌生廚房也需要比照辦理，否則輕者事倍功半，光陰虛擲，重者誤人子弟，疑惑終不能解。

**首先是中菜的基本概念**

中菜與西洋料理最大的區分在於，中菜著重於宏觀，而西洋料理則是微觀。所謂宏觀，是以人體感官來感知測度，如火候老嫩，味道鹹淡，水量多寡；反觀西餐習慣以溫度計、量匙以及磅秤等儀器設備來協助秤料工作，然而這是普遍概略的描述，並非適用任何狀況。神農氏嘗百草成為中醫體系的濫觴，自此中國人的飲食與醫療就注定同根同氣，以中醫的廣義角度來描述是擅於統合歸納，而西醫則是擅於分析，這觀念用在中西餐也頗為符合。

由此可知，中菜學習曲線較為陡峭，需要多方觀察與領悟，常常讓初學者吃足苦頭而遲遲難以入門，一旦入門掌握住烹調的箇中訣竅，則一通百通，游刃有餘。有個關於西餐的笑話，是一位下廚資歷多年的洋婦人，每天為全家下廚做餐食，桌邊總是少不了一本烹飪指南，數十年如一日，日子倒也過得相安無事，哪知一日某位好事者把老婦每日依賴的烹飪指南擺放他處，這位洋婦人頓時手足無措，一時不會做餐了，都是因為她數十年來遵循烹調指南，一杯一匙，一盎司一磅的分毫不差的操作著。雖然是一則笑話，但多少反應科學烹飪作業可重複性的優點，同時也突顯庖廚者做菜能力退化的缺點。

## 方法

中菜料理手法繁多，炒、煎、爆、炸、燒、蒸、扣、燉、燴、焗、扒、煨、熬、涮、烤、浸、鹵、燻……多達三十五種，如果再細究下去則高達七十四種，讓人是目不暇給，眼花撩亂。各位看倌可別被這些繁多的烹調手法嚇著，別說是你我，就連專業級廚師要精通各個做法，沒五年十年，也要七年八年。只要熟練其中幾種手法，就可以觸類旁通。重點是要捉緊要領，學多不如學精，先求好再求多。

## 器具

中菜有常用的料理手法，如華人使用數千年的「炒」，是西洋人沒有的烹調法，直到近代才引入西洋，也就是使用平底鍋做為中菜的主要鍋具，可以說是找自己麻煩。或許有人問電視上的國宴御廚不也用的好好的？別忘了，人家御廚是掌廚數十年的老師傅了，不論手法巧勁，怎是一般人可以比擬，而且某個程度上來說那是表演，再說因為平底鍋是為西洋人的料理習慣而設計的，用來煎製食物。烹調製作中，我強烈建議使用中式炒鍋，以鐵（鋼）材質為佳，不鏽鋼次之。鐵炒鍋不用不知道，用過就忘不了，之後將有專文探討中式炒鍋。

刀子是專業司廚者必需且重要的工具之一，不像西餐刀具種類繁複，中菜刀具則較為簡單，原則上有片刀、剁刀或是切骨刀兩種刀子就足夠，家庭甚至一把刀子就可行遍廚房了，其他重手工作交由攤販代勞即可。

## 調味料

要說必要的調味料，家家戶戶各有差異，無法訂定明確的範圍，這裡就先說說我認為的必備調料，除了油脂、糖、鹽、醬油、味精、醋、米酒之外，建議還要包含以下調料，將更為齊全完備，如豆豉、郫縣豆瓣、甜麵醬、山西陳醋、辣油、泡椒、魚露、雞粉等，可依照需要逐次湊齊便可。

吃，這檔事的態度，可以制式化，可以藝術化，可以隨意，也可以嚴謹。這本書想要傳達的是中菜料理可講究的種種地方，假如你對於吃這門藝術是認真講究的，那諸位看官們就可以隨我往下一步看下去。

# 炒菜用鐵器・吃菜有鑊氣

## 鐵鍋開鍋法

夜幕已經低垂，走在一條小吃街上，晚餐呢？即使出們在外，也不肯對美味妥協，此時五臟廟也經不住等待，正向我提出抗議。有氣無力地前進覓食，這時遠方的吵雜聲傳入耳中，一陣一陣微弱的節奏、鏘鐺鏘鐺的敲擊聲。好奇地尋聲走了過去，穿過數個曲折人羣，前方的視線被人龍擋住了，心想他們在弄些什麼，可以形成人龍？

透過人龍的間隙，在老油燈的黃光照射下，有一位師傅一手拎著雙耳熟鐵鑊，一手拿鑊剷，鐵鑊靠著爐頭邊使力，有節奏地炒著飯粒與配料，發出炮爐的烈火聲以及炒勺的敲擊聲，那只熟鐵鑊看得出來因過度使用已經彎曲變形，鍋內的飯粒在大油包覆下顯得顆顆晶瑩飽滿，猜想應該是鮮肉絲蛋炒飯吧！不到一會功夫鮮肉絲炒飯完成，旁邊的助手迅速打包交給排隊等待的客人，另一頭師傅俐落地用竹刷把細渣刷掉，熟鐵鑊又再一次上爐，下大油，毫不含糊，一旁助手提醒著喊道：兩份三鮮麵！師傅沒有作聲，隨手再加了半勺大油，炮爐的吼聲夾雜著鐵鑊聲，持續吸引好奇的食客們。

看著鐵鑊，想起豫菜裡有著一句土話：「唱戲的腔，做菜的湯」前面說的是各行各業都有關鍵技術或工具，廣義說這個器有具象與無形之分，而有哪個人又真的了解「器」呢？

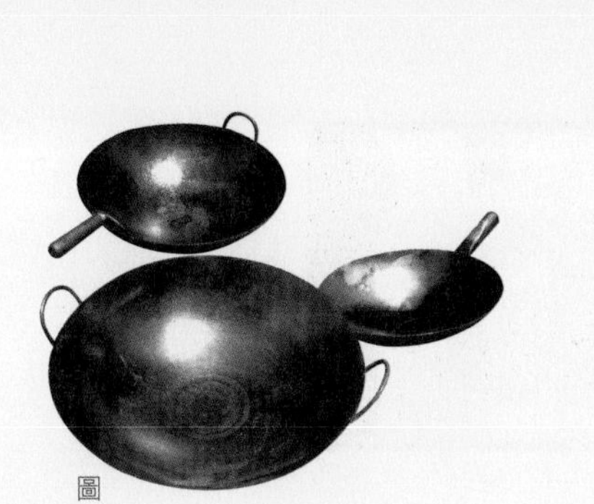

圖一

圖一：各種形式的鐵鑊。左前：典型南方雙耳熟鐵鑊。左後：台灣常見的改良精鐵鍋。右：北方常見的山東鐵鍋，鑊面皆有事先開鍋養鍋，所以呈黝黑色，非經廠商煮黑或上過塗料。

圖二

請見網路影音：http://youtu.be/hecStku16ys

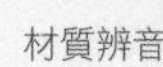

材質辨音

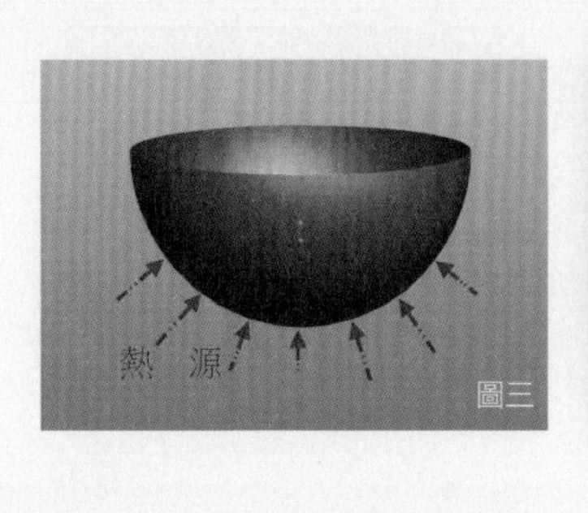

圖三

其他行業我不懂，不宜多說，以免貽笑大方。就在庖廚這方面打轉，心頭較為踏實自在些。

廣義的說，鍋、鑊、釜、鼎、罐、甑、甗都是一樣的東西，都是古時炊具的用詞，只有在功能以及外型上略有改變。就拿現今仍被使用的鑊來說，它是古今庖廚的主要工具之一。鑊，台灣閩南語稱為「鼎」，然而鼎與鑊是有區別的，《漢書．顏師古》注：「鼎，大而無足曰鑊，以鬻人也」。鼎與鑊都是古時專門用來煮肉煮魚的炊具，差別只在於是否附有支腳。嚴格來說以鼎字來稱呼鑊是錯誤的，然而有時語言傳承就是這樣，眾口鑠金，多人說就算數。

如果要炒製食物，實踐性最高的炊具就屬鐵器，銅器次之。在西漢後期，鐵器已由貴族階級全面進入庶民生活中，無論是兵器、農具還是炊具都被大量使用。因為後來由火溏演化至爐灶的發明，鼎的支腳功能不再需要，漢朝期間漸漸被民間棄用，演變成代表國家治權的神秘象徵，反之鑊因為實用被廣大人民保存下來。

圖二：聽得出來，哪個是精（熟）鐵鍋嗎？若是廚師聽不出來，就要再磨練磨練了。

以鐵為基礎材質的鐵鑊，主要分成熟鐵、碳鋼、生鐵、不鏽鋼四種，其中不鏽鋼是西洋近代才有的發明。鑊的外形在秦朝初期與陶罐、陶釜差別不大，後來有了鐵的發現以及日益精進的冶鐵技術，外型上才有了改變。鐵鑊的外型在唐朝之後形狀大致上就定型了。如圓口（易於投料出鍋）、圓底（可平穩置於灶上，受熱面積大，圓底使火力更集中於球心，也便於翻炒）、薄壁（導熱迅速，節省燃料）、淺腹（易於觀察烹煮狀況），有耳（便於提放）。簡言之現今中式炒鍋（鑊）的外型與唐朝期間的鐵鑊沒有多大變化，由於它經由千錘百鍊的外型，歷經一千多年的漫長時光，工匠絲毫沒有修改或更動，更別說將它淘汰，甚至丟棄。

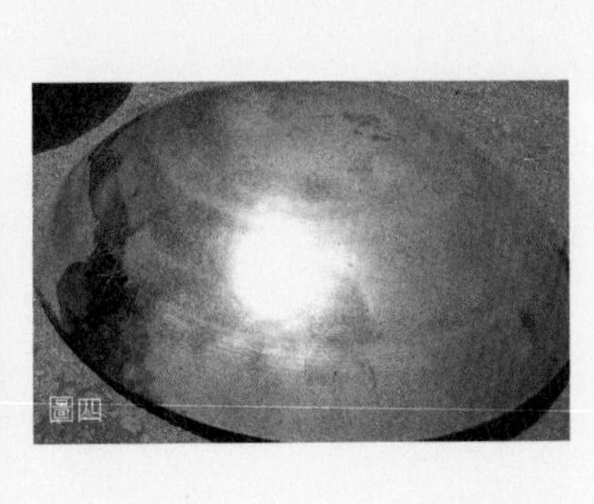

請見網路影音：http://youtu.be/OBXd6PYMzDs

平底鍋與圓底鍋的比較
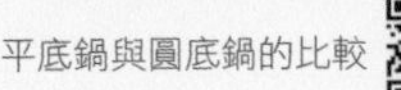

圖三：圓底鍋具的幾何形狀，有助於熱能集中於鍋具中心。

為何鐵鑊經過數千年仍為今日中餐專業人士所愛用，而甚少使用不鏽鋼炊具？不鏽鋼鑊最大的缺點，除價錢昂貴之外，就是需要預熱，而且過熱還會有熱點的產生，也就是某些表面的溫度容易聚熱，因此這些區域特別會燒焦，這對業者來說都是不利於作業的嚴重缺點。一些西餐名廚用的複合基不鏽鋼鍋更加昂貴，此類就省略不討論。

圖四：常見於專業廚房的熟鐵鑊，也就是炒鍋，其最大特徵是鍋底有規則的同心圓加工痕跡。

現今多數餐館食肆仍使用熟鐵鑊，用來製作炒菜、炒飯麵等，除價錢便宜外，用來炒菜特別好吃。許多人不解的是，為何家裡炒菜總是不如坊間菜館來得脆、綠、鮮、香？其實其中的道理是業界公開的秘密，那就是猛火加鐵鑊，這樣組合起來才會有鑊氣。鑊氣說穿了就是透過鐵鑊的快速導熱，藉由猛烈的高溫，短時間內熟化食材，保留食材與調料的精華香氣以及藉由高溫所生成的特殊風味。其中火力就是一般家庭較難辦到的條件之一，許多專業餐館還使用炮爐，也就是鼓風爐，它的火力是一般菜館業者望塵末及，更別提家用爐具了。

圖五：油炸食物時，圓底鍋只需要平底圓柱鍋的三分之二容量。圓底鍋可節省三分之一的炸油使用量。

觀察台灣部分廚藝節目，為了節目效果拍攝方便，用平底鍋來製作炒菜，除了操作不方便，食材也容易翻炒出鍋外。有些還用鐵福龍鍋，看不出來用鐵福龍除了有不沾鍋的優點以外，在炒菜上有何助益？不沾鍋與平底鍋最適用於煎製食品，尤其針對平板狀的食材。反觀中式炒鍋使用範圍較大，煎煮炒炸烘溜燒都可以，除了烤較不理想之外，可以說它是萬用鍋具。畢竟它是民間歷經千年競爭淘汰下所留存的精品。老祖宗留下許許多多瑰寶般的遺產，若讓一知半解的人誤導，反而變成落後與陳舊的象徵，也就太辜負前人的智慧了。

前方人龍似乎沒什麼移動，老油燈的光影忽左忽右的搖晃，人龍也持續增長中。人挨著人，前面人喊著：別擠別擠！我也站立在人龍中了。此時大油脂香、蔥蒜辛香、鑊氣熱香在空氣中持續瀰漫著。

現代年輕家庭主婦或煮夫多數已經忘記老一輩人的手藝，連如何使用鐵鍋都視為畏途，最適合炒菜的鐵鍋因此漸漸被淡忘，更別說新鐵鍋要如何開鍋了。其實開鍋需要耐心，但是整體上不難，這裡特別介紹簡單的鐵鍋開鍋法與平常保養鍋具法。

圖六：專業廚具賣場販賣的各類鍋具，主要以碳鋼或熟鐵鍋為大宗，大小種類齊全。

圖六

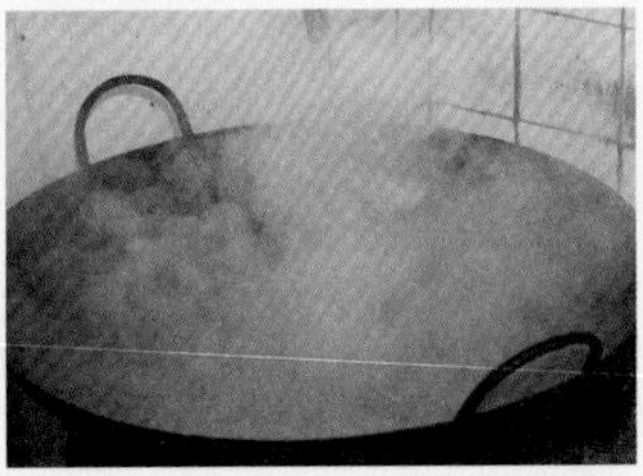

圖七

## 新鐵製炒鍋專用開鍋法

**步驟一．燒掉炒鍋內所有會冒煙物質**

新鐵鍋上爐，開起抽風機，大火乾燒炒鍋，這時炒鍋一定會冒大煙（圖七）。一直燒至無煙為止，確定是要無煙狀態。熄火，冷卻片刻。以刷子水洗鍋面，再上爐乾燒，這次要確定燒掉任何會冒煙的油脂，再用水刷洗表面的屑片、雜物或灰塵。

**步驟二．鍍上硬脂膜**

炒鍋上爐，燒到鍋面乾燥，取廚房紙巾沾些豬油或是沙拉油，（注意！鍋面很燙，若可以，戴上布製手套），並以筷子或夾子夾取沾有豬油的紙巾，均勻塗抹在炒鍋表面，這時仍然會冒煙，不過不需要如同上一步驟把油脂燒掉，而是燒到表面無流動油脂，有油亮但不油膩，略乾就好，我稱此步驟為鍍硬脂膜。以上步驟完整重複三次即算完成。

**注意事項：**

＊一般網路上販賣的鐵鍋，處理程度良莠不齊，如果願意可以自行鍍上幾層硬脂膜。

＊注意！開鍋工序有一定危險性，最好帶上布製手套。

＊新鐵鍋多數有加工的機械油或是灰塵，所以一拿來不是水洗，而是上爐乾燒。機械加工油脂黏度都很大，所以企圖以一般清潔劑加上熱水要應付這種油脂，可以說是浪費力氣。

＊一開始燒鍋面一定會冒煙，而且又臭又刺鼻，所以乾燒前一定要開起抽風機，而且要注意廚房通風良好。（請見圖七）

＊一般家用爐子火力不大，可以放心乾燒炒鍋，當然人要在旁邊觀看。不可能會把鐵鍋燒壞，這點可以完全放心。

＊由於鍋面是圓弧曲面，平放炒鍋無法燒到炒鍋周邊，因此需要轉動炒鍋週邊至爐火的正上方，才可完整均勻鍍上油脂膜。

＊如果不想太麻煩，只需在最常炒菜的區域鍍上硬脂膜，週邊可以省略。要全鍋面鍍上硬脂膜，所需要的時間很長，一般是一小時左右，所以請自行裁量。

＊一般只有新鍋才需要開鍋。平常炒菜使用後，以清水或熱水沖洗，不要用清潔劑。清潔劑會慢慢溶解硬脂膜，縮短硬脂膜壽命。一般燒到鍋面乾燥即可。但如果可能三、四天後才會再用到，這時最好用衛生紙沾點油，於鍋面上塗上一層薄油，有油光的那種很薄的薄膜，這樣可以避免鐵鍋生繡。

＊如果一陣子沒用炒鍋，即使表面沒生繡，表面油脂也會氧化，因此沒經過清洗就使用會有油耗味，燒出來的菜味道不好，對身體也不好。只要在炒鍋裡加點水，上爐燒開，轉動炒鍋，讓油耗味的油脂略微溶解於滾水，再以清水洗刷，可以重複這步驟，直到無油耗味。

＊有時候炒鍋放太久或保養不良會導致鍋面生銹，或是炒東西時容易燒焦並導致嚴重黏鍋，這時就需要重新施以步驟二鍍上硬脂膜的工序。先用不銹鋼鋼絲刷把焦黑物或是鐵鏽用力刷除後，施以鍍硬脂膜的工序，直到鍍上一兩層硬脂膜便可。

＊有些人稱步驟二為養鍋，養鍋有累積物質的意思，因此我不太同意，因為一般炒菜時無法鍍上硬脂膜，即使有也效果有限，只要一直使用硬脂膜，早晚會有磨完的一天，所以再次鍍油膜是早晚的事情，只要你持續使用。如果施以步驟二算是開鍋的一部分工序，我稱其為保養或是修復，而不是養鍋。

# 真味與大味

## 味素症候群

你可曾思考過這樣一個問題，為何中草藥可以治病或調養生息？又為什麼不同季節有不同的當令蔬菜水果？為何當季蔬果總是特別好吃，即使同一季節不同區域會有差異？以上都是大自然現象，自古馴化過的植物或是動物在不同氣候培育之下，孕育出來的質與量自然會良莠互現。

那大自然何以如此運作呢？如同物理界的規律，一些自然現象是古人長時間觀察歸納所得出的結果。在中國哲學裡，所有萬物都遵循著對應的規律運行，稱之為道，即所謂天道、地道、人道。既然大自然運作有其規律，我們周遭的一草一物，每日所飲所食，一概種種也是依循這個規律發展，並依不同條件滋長。近代人類無大規模戰爭，也無致命傳染病衍生，所以在人口激增之下，人們對於食物有量的迫切需求，因此現代農牧在量產技術上有了革命性突破，如使用化肥、藥物、生長激素以及物種基因改造等等。

雖然食物生產在量的方面已滿足無慮，可是在質的方面卻沒有精進。就以土雞來說，在大都市哪有真土雞可言，不過是商業土雞罷了，簡單說就是為了因應生產效率所生產的雞隻，不論是肉質與滋味遠遠不及真正的土雞。過往農業時代的台灣，民間食用的雞隻都是放牧飼養，以野生昆蟲佐穀類米糠為飼料，飼養時間足夠就累積出濃郁的滋味，不吃抗生素，也不用生長激素催生。好的土雞或是肉雞不吃不知道，吃過忘不了。

我覺得現今多數年輕人沒有嘗過真正的雞肉滋味，他們已經習慣甚至喜歡上有肉感，但滋味寡淡的商業白毛肉雞，可以說是吃雞無雞味。同樣的情形也發生在蔬菜水果的種植上，施以化學肥料努力催生，或在非旺季栽培，雖然四季都有得吃，但蔬菜容易生病，品質也大大不如前。吃當季的滋味和鮮度都是最好的，如冬天生產的天津白菜、夏天生產的空心菜或麻糬茄子，農夫可以減少噴農藥次數，價錢便宜又好吃，何樂而不為？

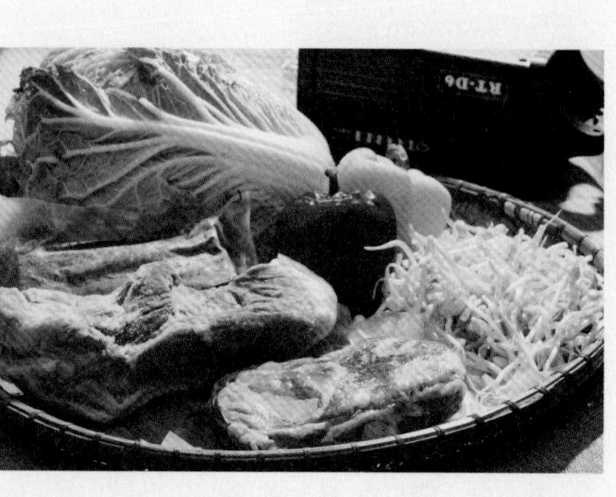


袁枚在《隨園食單》．〈先天須知〉裡指出：「凡物各有先天，如人各有資稟。人性下愚，雖孔、孟教之，元益也；物性不良，雖易牙烹之，亦元味也……。大抵一席佳肴，司廚之功居其六，買辦之功居其四。」可見食材的認知與講究是一桌成功宴席的必要因素。這裡所謂的講究，並不是要參鮑肚翅或者要花大錢採買陸海珍稀，只是要了解食材的特性，在最佳的季節與時機採買，適時適物罷了。

某次在一位作家的社群網站上看到有一些社群會員談論飲食經驗，強調少油、少鹽、少糖、不要味精。有這個健康的觀念無可厚非，但是把動物脂肪或味精視為毒物般，甚至還把精鹽逐出廚房而沾沾自喜，似乎有些太過。不論家禽家畜抑或是魚、肉類，其中的體脂肪是食物特殊香氣的主要來源，來源比例高達百分之八十左右，而瘦肉部分主要提供鮮味。甘脂味需要相輔相乘，不可以偏廢，才能讓風味無損。

西洋食物中以肉類或乳酪居多，這些食物本身的鮮味較為足夠。過往華人對葉菜類的需求比西洋人多，肉類其次，因此華人對於鮮味過度依賴。味素早在百年前就被日本人發現並商業量產，其初衷是要解決日本人的飲食質量，時至今日世界衛生官方組織早已經證明味素對於人體安全無慮，可嘆味素的使用在華人世界依然存在著很大的歧見。

早期譁然一時的「中國餐館症候群」，經醫學研究發現是一些人對於小麥或是豆類過敏，與味素沒有一定關連。味素學名為穀胺酸鈉鹽（MSG），早在一九六七年已被美國列入GRAS清單內，列在清單上的食用物質多是被大眾長年使用下認可的安全項目。有時候觀看日本公共電視台（NHK）《今日料理》節目，主持人製作和式料理時，也不會把味素或雞粉視為不建議食用的調味料。百年來味素的相關實驗為數龐大，多項證據最後指出，食用味素後產生的多數症狀大多是心理因素，只有極少部分的人有真實的症狀出現。

有人說味素是化學合成，可是現今要在一般市面買到化學合成的味素幾乎不可能。因為現今味素的製造工法，與純釀醬油類似，以微生物發酵法製作而成，主要原料依照當地物產而定，一般有小麥、樹薯、甘蔗、蔬菜等等。總而言之，假如你對味素有疑慮，那是否也應該拒絕食用同樣以微生物發酵法製作的醬油？有味素相關文獻報導，為求謹慎只有身心尚未發展完成的嬰孩不宜食用。

聽過有人形容食用味素就是廚師的墮落。依個人之見，這句話說的不完整，應該說過量使用味素是司廚者的墮落。怎說？我們再看看袁枚《隨園食單》〈作料須知〉中提到：『廚者之作料，如婦人之衣服首飾也。雖有大姿，雖善涂抹，而敝衣藍縷，西子亦難以為容。』袁枚對於調味料的態度是既實際也變通，不是一味追求所謂的原味而忽略食材本身的極限，深知食材需要調味料佐以五味相互調和，才是真味大味。

與其說人類對於飲食諸多物種各有極限，還不如說各有其偏性，如中草藥中提到的性與味。性有寒、熱、溫、涼四種特性；味有辛、甘、酸、苦、鹹五種味道。這四性五味即是偏性，中國醫藥就是以中藥與生俱來的偏性，來平衡人類的體質，藉此調養身體或去除疾病，就是所謂的「五臟調，百病消。」食物也有其偏性，以空心菜為例，其性味為甘、淡、涼，如果只以精鹽來調和，要如何入口？多數蔬菜有香氣卻無鮮味，除了竹筍等少數例外的食材，如果沒有葷食搭配，根本就沒有鮮味可言，如此何來的五味調和？難道不知道天下最難吃的食物就是不放鹽的食物嗎？

坊間食肆有許多標榜不放味精來招攬養生的食客。一日去了某家標榜不放味素的中菜館，用餐過程中發現店家選料取材漫不經心，不講究食材的季節性與食材的偏性，也沒有精心熬製高湯提鮮，甚至隨意推出市面上的熱門菜，吃起來滋味寡淡，更別提到位或是到味了，唯一到位的就是高貴的價位。一些追求養生的食客以為這才是食物的真味，頻頻大讚滋味鮮美，令人結舌。

崇尚原味還不如了解大味是何物，追求養生之餘，別把人生最璀璨的飲食藝術變成了無生氣的荒謬黑白劇而不自知。勸君莫忘，大味只有一種，人生的選擇可有很多種。

# 自家製頂湯

## 天然與人造的抉擇

味素問世距今日已一百零四年了，最早販售味素的商家是由日本化學家池田菊苗所創立，最早的公司名稱是「合資會社鈴木製藥所」，是「味之素株式會社」的前身。池田菊苗是一位化學家，也是大學教授，無意間發現可以從昆布中分離出穀胺酸，它是味素的主要成分。這樣的調味品能讓舌頭產生一種有別於甜、酸、苦、鹹基本四味之外的第五味，日本人稱之為旨味（Umami）。在中菜範疇中，並沒有很明確地指出第五味，只有鮮味名稱可以勉強相對應。

有些人把糖當做味精使用，但是只要味覺正常的人就可輕易辨別其中的差異，也就是說糖的甜味無法替代味素的旨味。當初池田菊苗創立味素工廠，除了盈利，還有一個立意良善的動機，那就是當時日本人普遍營養不良，體型個子瘦矮，有了味素可以添加食物風味，並且促進食物的攝取，這是當時味之素創辦人對於日本國人的願景，畢竟民強才可富國。

反觀古人，如果要添增鮮味或是旨味，如何辦到？答案很簡單也不簡單，這話如何說？首先使用的方法就是吊湯、製湯或湯鍋，名稱不同，但目的一樣。吊湯是廚房專有名詞，有提取或拿出食物精華之意，完成品依照中國南北方而有些不同，但整體還是大同小異，如頂湯、上湯、奶湯、二湯、毛湯等等，素湯則有素上湯、素汁湯……。

吊湯是一種金錢與時間的投資，最終換得不凡的味覺享受。現下餐館會吊湯的只有高級飯店或是有特色的館子，多少堅持著每日吊湯，可是一般館子基於成本人力考量，而且利潤不高，所以想要在一般館子吃上湯烹煮的菜餚，可說是做白日夢。吊湯還存在一個更為現實的問題，那就是上午才製作好的上湯，過了下午鮮味就開始衰退，到了晚上勉強還可以用，要是隔了一夜鮮味就天差地遠。因為以自然食材提煉的上湯，鮮味組成多樣化，這也是上湯口感迷人的主要原因，也因為是天然成分，組成較不穩定，因此鮮味自然較容易隨時間流失而消散。

時間是鮮味的殺手，這就是多數餐館食肆不願意在吊湯上面投資的原因，因為絕大多數人吃不出自然與人工鮮味的差別，但是對於味覺敏銳的人來說是一種折磨，所以還是有內行饕客願意花更多的代價來換取自然的美味。自然有自然的美，人造有人造的優點，這是一種選擇，沒有對錯優劣。對飲食瞭解透徹的人不會有自然與人造味道的偏執，料理手法及態度也可以師法自然，但什麼是自然？不偏不倚就是自然。

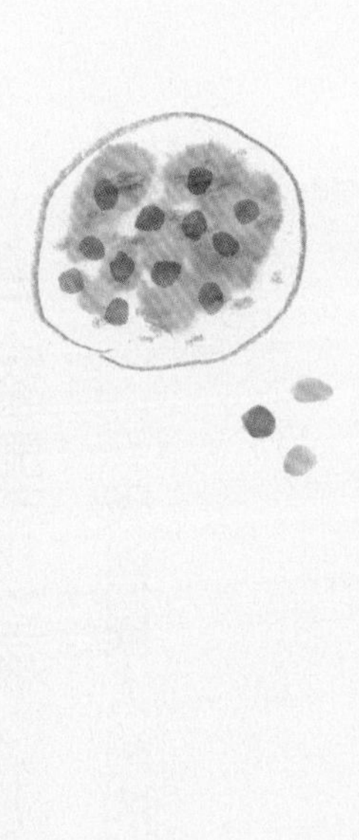

## 主輔料與調味料

豬梅花肉 500 克（或後腿肉）
雞胸肉 400 克
金華火腿 250 克
清水 2500 克

## 做法

1. 雞胸肉與豬梅花肉，去皮去油脂，尤其是油脂要清除乾淨。
2. 雞胸肉與豬梅花肉切成四方塊。金華火腿切略小的塊狀，大小如圖。
3. 鍋上灶燒水，先氽燙雞胸肉與豬梅花肉。
4. 最後氽湯金華火腿塊。
5. 內鍋放入所有材料與清水，淹過材料為準。外鍋水位為內鍋一半高度即可。
6. 內鍋要蓋上蓋子。
7. 外鍋上蓋子。
8. 先以大火煮滾，之後轉微火，調整至菊花滾或是蝦眼滾即可，至少 3 ～ 4 小時以上。

請見網路影音：http://youtu.be/lA1s3CCjdcQ　蝦眼滾狀態

到味一點訣

1. 內鍋水位幾乎不會變化，也就是說，放多少清水，就會得到多少頂湯。
2. 調整菊花滾，要經過多次校調。打開太久，水溫會降低；蓋上蓋子，水溫又會升高，甚至變成大滾，所以調整菊花滾的速度要快狠準，分多次慢慢調整火力。
3. 燉煮過程中火力太大會使頂湯混濁，火力太小又會燉不出味道。
4. 燉過頂湯的肉渣，再添加豬肉可以製成二湯。
5. 頂湯適合做各種湯菜或是炒菜，可以替代味素使用，風味極佳。
6. 有些餐館頂湯會加入味素，目的是延長頂湯使用期限。
7. 若頂湯或高湯一次用不完，可以放入製冰盒做成頂湯塊，方便使用。

# 自家製泡辣椒

## 是小菜，也是調味料！

常說巴蜀第一菜是回鍋肉，而四川一枝花是泡菜。如果以廣義角度來看泡菜，包含泡青菜（青菜一詞是四川對葉用芥菜的俗稱）、薑、辣椒、蘿蔔、A菜心、白菜、胡蘿蔔等，只要你喜歡大都可以使用。

其中泡海椒的海椒就是辣椒，泡辣椒既可當小菜，也可當調味料，使用範圍不算小，甚至還有菜餚名稱以泡椒來命名。泡椒味型的完整名稱是家常泡椒味型，屬於家常味型。從它的名稱就可以知道是由海外引進，非中國本土原生植物。從歷史典籍中可以知道，當年哥倫布發現新大陸之後，便將辣椒帶回歐洲，此後再傳到世界各地開枝散葉，甚至在貴州、四川、湖南等地發展出獨樹一格的飲食文化。

比較深入瞭解川菜之後，才知道川菜很注重調味，就是所謂的隨手主義。大地食材千變萬化，適時適地適法做出來食物沒有不能下口的，這就是隨手主義的基本精神。

魚香肉絲、泡椒雞雜、泡椒雞丁、白油肉片，泡椒魚肚、紅袍仔雞，甚至一些傳統菜色也會適度加入泡椒，如鄉村回鍋肉以及水煮牛等。泡椒在泡菜罈內，在乳酸菌的作用之下，也就是經過發酵會產生一種清芳辛辣的香味，用來烹煮菜餚，具有獨特的風味與口感，是川菜的主要調味料之一。不論是炒、燒、燴或蒸菜都適合使用，尤其烹煮海鮮時，加入泡椒、薑末、蔥末一起調味，更能勾人食慾。

泡椒製作極為簡單，四川的鄉下人家到處可見泡菜罈。製作好的泡菜罈可以多年不壞，專業製造的炮椒有一些祕方與竅門，光調配保存泡菜的鹵水就很累人。泡椒最令人著迷的是渾然天成的滋味，既然如此為何不取法自然呢?只要遵循以下一些注意事項，你也肯定會愛上泡椒。

到味一點訣 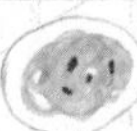

1. 調製鹽水（鹵水）的鹽分，最低 5%，最高不要高超過 10%。
2. 辣椒一定要沉入鹵水面以下，因為暴露於水面以上容易發霉。
3. 泡辣椒有時候會產生白色薄膜，那是酵母菌，少量不會影響食用安全，但是過多會影響泡椒的風味，可以添加一些高濃度的中式白酒，如高粱酒，或是將一些鹽撒入白色薄膜表面，藉此來殺死酵母菌。

## 主輔料與調味料

**主料**

辣椒 100 克

罐子 1 個（能浸沒全數辣椒的大小即可）

鹽 2 小匙（辣椒重量的 8%）

5% 鹽水 能浸沒全數辣椒以上 2 公分

（水與鹽的比例是 1:19，例：500 克清水加入 26 克鹽，以煮過的涼開水調製為宜）

**香料**

八角 1 顆

白胡椒粒 1/2 小匙

山奈 1 小片

## 做法

1. 洗淨辣椒，放置通風處晾乾。
2. 把八角、白胡椒粒、山奈以及鹽準備好。
3. 把蒂頭切掉，但不要切到辣椒本體，保留一點蒂頭。
4. 用刀子在辣椒體上刺幾刀，好讓鹵汁容易滲入。
5. 用冷開水把瓶子內部沖洗乾淨，放入辣椒。倒入預備好的香料。
6. 倒入鹽。
7. 添加 5% 鹽水溶液。
8. 若有上一次的舊鹵水，可以加入與步驟 7 相同分量的鹽水。若無，全部用新鹽水。
9. 放入塑膠隔墊。若無，可用棉繩綁住十字交叉的竹筷。
10. 放上石塊壓住。
11. 鎖上蓋子，放置陰暗處。

# 自家製紅油

## 香中之香，辣中之辣

什麼時候開始吃辣已經不太有印象了，回想應該是國小二年級。小時候很愛吃肉羹麵和蚵仔麵線，直到現在品嘗這兩樣小吃的方式未曾改變。當一碗肉羹麵或蚵仔麵線上桌時，第一件事就是加一匙辣豆瓣醬以及一些白胡椒粉，最後再加點烏醋，數十年如一日。

記得每次都與母親一同前往麵攤，每次都要吃上兩碗，母親總是先吃完，經常等候我而有些不耐煩，於是把兩碗麵錢先給了麵攤老闆。愛吃辣卻又不經辣的我，總是吃的涕淚縱橫，才剛把一碗吃完，忘了還有一碗，就急急忙忙趕回家中猛灌涼水，感覺真是痛快！

喜歡加辣椒醬主要是愛浮在辣椒醬表面的那一層辣椒油，那是辣椒的精華，是香中之香，長大後才知道這些想法自以為是。那層浮油那不是辣椒萃取出來的辣油，而是事後加入的香油，除了增香，還有防止豆瓣發黑以及氧化的作用。

紅油又稱為紅辣椒油，有數種做法，種類也繁多，一般是拿來做涼拌菜，這是最多人知道的用途。良好的紅油，味道柔和，辣而不燥，香味濃郁。有些流行的紅油會加入熟芝麻或油酥花生來增加不同的香氣。一些熟食飯館使用紅油的量非常大，大家較為熟知的涼菜，如夫妻肺片、蒜泥白肉、紅油耳絲、口水雞，甚至一些熱菜也會添加紅油來增加賣相與香氣，不過業內廚師才會這樣做，一般人不得其門而入，簡言之也就是訣竅，人說功夫是萬底深淵，說破就不值錢。

這些日子台灣發生純橄欖油不純，辣椒油裡沒有辣椒成分的事件。我老早就告訴過朋友，便宜得不可思議的辣椒油成分鐵定有問題，果不其然，最令人費解的是辣椒油裡居然沒有辣椒成分。然而製做辣椒油一點也不難，只需要一點點花費以及一點點耐心，當你嘗到真實的紅油就會明瞭一切代價是值得的，人說時間就該浪費在好的事物上，這不就是最好的說明。

### 到味一點訣 

1. 辣椒乾不要搗得太細，太細會使辣油看起來渾濁不乾淨。
2. 若條件許可，在最後一次倒熱油時，再加入熟芝麻，可以增香，又可防氧化。
3. 這是最簡單的紅油，若要味道更為豐富，除了蔥、薑外，還可以添加洋蔥、芹菜、香茅，分量不要太多，太多容易喧賓奪主。香料方面可以添加白蔻、香葉、丁香、草果、十三香，添加分量也不要太多。
4. 沙拉油與辣椒的調和比例是 1：4 或 1：5 為宜。
5. 可於冷卻後添加 0.5 小匙的香油，可以防止沙拉油氧化。

## 主輔料與調味料

辣椒乾 80 克
沙拉油 2.5 飯碗（若有菜籽油更佳）
桂皮 1 片
八角 2 顆
蔥 1 根
薑片 5 片
香油 0.5 小匙

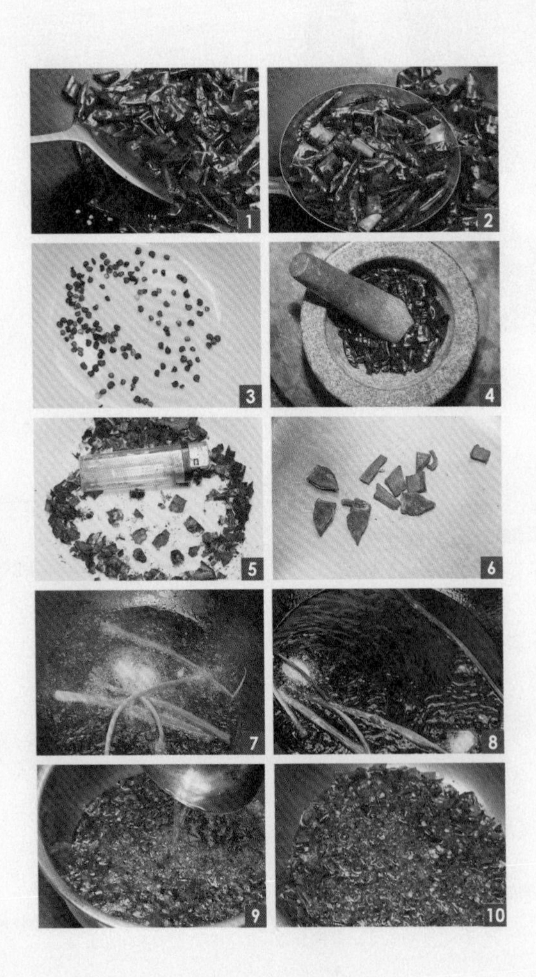

## 做法

1. 將辣椒乾全數放入炒鍋中，不用放油，時常翻炒。
2. 當聞到辣椒乾的香味飄出來時，如果部分辣椒乾已經變成深褐色即可關火，要注意不要炒糊。
3. 焦黑的辣椒籽，會發苦，去除。
4. 將炒好的辣椒乾放入食物調理機或是石搗中搗碎。
5. 搗成圖片中的大小的碎片。
6. 將搗碎的辣椒乾與桂皮與八角香料一起放入耐熱容器中。
7. 鍋上灶燒油，燒到熱沙拉油開始冒青煙時，關火，拿起備好的鍋蓋，先放入蔥以及薑片，隨即蓋上蓋子防止油爆，需要小心操作。
8. 約 3 分鐘，等油爆聲較為緩和時，開蓋觀察蔥葉是否呈咖啡色。
9. 將 1/3 熱沙拉油倒入放油辣椒的容器裡。每過 2 分鐘再倒入 1/3 熱沙拉油，直到全部倒完為止。
10. 蓋上蓋子靜置冷卻至隔夜，用濾勺將辣椒渣濾掉，只取用辣油部分，再加入香油即可。

# 自家製咖哩醬

## 印度咖哩粉是個寶

有人說咖哩是最適合夏季吃的食物，或許應該說是炎炎夏日食慾不振時還會想吃的食物，除非你原本就痛恨咖哩。咖哩可以提振食慾，歸功於多種組合的香料以及複雜卻不混亂的濃郁氣味，一聞就令人振奮，胃口大開。咖哩醬除了含有咖哩香料之外，還可以添加許許多多的材料，例如椰漿、羅望子、優酪乳、杏仁果、核桃……等，讓咖哩的風味更富有內涵性與多樣性。

「咖哩」，是外來名詞「Curry」直接音譯的中文名詞，那Curry到底是什麼？Curry最早源自於印度，在南印度塔米爾那都省被拼為Karri，是以肉汁或醬汁搭配米飯或麵包的一種主食。另一說法，是由語言學演化而來的，早在十四世紀就存在於烹調文獻中，被拼為Curry，源自於法語的Cuire（to Cook）。

一位咖哩權威作家布闇特．湯姆生（Brent Thompson）曾寫下這麼一段話：在印度，Curry一詞並不是我們一般認知的Curry，以前經由英國人歸類後的咖哩，是指由薑、大蒜、洋蔥、黃薑、辣椒、油所烹煮的湯或燉菜，大多為黃色、紅色、多油，味辛辣且濃郁。而今日我們所熟知的咖哩，則用油將新鮮或乾燥的香料炒香，加入洋蔥泥、大蒜、薑一起熬煮的醬汁，其中香料並沒有一定限制，大多有辣椒、小茴香（Cumin）、胡荽籽（Coriander）以及薑黃（Turmeric）。推廣這種烹調形式的印度食物，英國人扮演重要的角色。

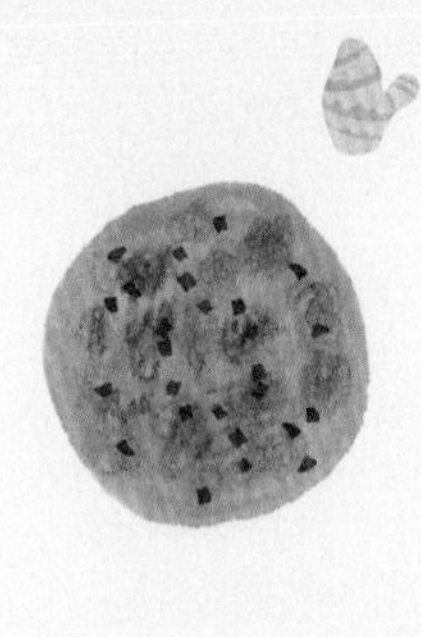

本文一開始先把焦點集中在我們比較陌生的印度咖哩上，是因為印度咖哩可以延伸出所有風味的咖哩，假如會製作印度咖哩，其他種風味的咖哩只不過是把加工程序與材料稍加改變就行了。印度咖哩搭配的主食會隨著區域作物而改變，如西印度多食玉蜀黍、栗等雜糧做成的麵包；北方盛產麥子，則多會搭配麵包食用；南方或東南方則以米食為主。製作印度咖哩的成功秘訣，在於香料組合與下鍋順序，不在於炫麗且複雜的烹調技巧。直到近代並沒有任何有關咖哩食譜的記載，因為它強調個人的獨特風格與創造性。雖然沒有固定食譜，卻使許多印度料理擠身於世界美食的行列，而且即使在同一區域、同一道料理的味道與外觀也顯著不同。在印度，幾乎每一個家庭的廚房都有各式香料，使用時才研磨，鮮少人用現成的咖哩粉調味包。

台灣在日治時代深受日本影響，在語言、習慣、飲食上或多或少遺留了一些當時的影子，如吃生魚片、壽司、菠蘿麵包、咖哩飯等，台灣吃咖哩飯的文化無疑是來自於日本，而日本人從明治時期就開始吃咖哩。日本海軍承襲英國的海軍制度，連同飲食也一併承襲過來，唯一不同的是，英國軍人習慣將加入咖哩粉的燉牛肉湯搭配麵包一起食用，而日本人還是習慣配米飯。因此在原有的燉咖哩牛肉湯裡，加入麵粉油脂來稠化湯汁，然後將咖哩醬淋在煮好的米飯上，就成為今日和風咖哩飯的雛形。一般人只知道市售的日本咖哩塊很濃很香，卻很少人知道如何利用一般市售的印度咖哩粉來製作好吃的咖哩料理。多數市售的咖哩粉只是半成品，不像日本咖哩塊已經是成品了，隨時可以使用。市售的咖哩粉要是未經事先處理就直接烹調，會有挫折感而想要把它直接丟棄。事實上只要添加適合的辛香料以及適度的炒焙之後，會發現印度咖哩粉是個寶，與日本咖哩塊形成兩種不同的風味。不妨跟我一起使用印度咖哩粉來製作好做又好用的簡易咖哩糊，說不定你會發現另一座美妙的飲食天堂。

## 主輔料與調味料

一般市售印度咖哩粉 4 大匙
青、紅辣椒 120 克
蒜末 40 克（約 15 瓣）
紅蔥頭 30 克（約 5 瓣）
薑末 10 小匙
白砂糖 1 小匙
植物油 10 大匙（建議沙拉油）

## 做法

1. 薑洗淨。蒜洗淨、去皮。紅蔥頭洗淨、去皮。青紅辣椒洗淨。
2. 把薑、蒜、紅蔥頭、青紅辣椒放入食物調理機內打碎，或用手工切成細末。
3. 炒鍋上灶，倒入植物油，小火燒熱。先放入薑末，小火慢慢炒香。
4. 接著放入紅蔥頭末及蒜末。下料的開始，先開大火炒 10 秒鐘，再轉小火焙炒至米黃色。
5. 放入青、紅辣椒末。也是一開始下料時，先開大火炒 10 秒鐘，再轉小火焙炒。
6. 炒香辣椒末，放入印度咖哩粉，微火焙炒。
7. 最後加 1 匙白砂糖，再炒 2～3 分鐘即可，冷卻備用。

### 到味一點訣

1. 製作咖哩的香料大多是油溶性，所以炒焙時不要省油，沒有油就沒有香味，這是製作咖哩醬的要訣，沒得商量。
2. 炒焙咖哩要有點耐心，火不能太大，要慢慢炒透。所謂炒透，就是食材吸油後又吐油，油色由白色變成黃色。

# 自家製辣醬油

## 涼菜與海鮮的最佳搭擋

辣醬油是中國北方較為常見的醬汁，最常使用於涼菜，可以事先製作，也可以臨時製作使用，冷藏儲存之下，大約使用兩星期是沒有問題。

多數常開伙的家庭都會有一些家傳祕方或是自豪的獨家撇步，如今工商社會，多數家庭平日不開伙，偶而假日才會煮食，所以一些食品廠嗅到如此龐大的商機，紛紛發展方便使用的調味品，對於一些上班族來說無非是個大好福音。然而這些調味品或是即食品多數已經盡失滋味，為了彌補而添加香精以及過度的調味劑，也為了要常溫儲存，添加抗氧化劑或是防腐劑。雖然這是工商社會下的必然結果，但不意味着我們需要一成不變，或是全盤接受這些加工食品。

人類長期依賴這些工業食品，已經失去品味自然食物的興致，甚至喪失尋求美味的慾望。人為財死鳥為食亡，賺錢固然是人生在世必修的課業，但時間就應該浪費在美好的事物上，或者好好地品味食物。不要學習德國人，把三餐當做是工廠的作業流程，其中自助餐就是德國人發明的飲食習慣。不能說自助餐一無是處，但是過於偏廢用餐的時刻也不見得好。

我很喜歡製作一些現成的沾醬，比如吃酸白菜火鍋的腐乳醃韭菜沾醬，或是吃廣東白斬雞的蔥薑醬味沾醬。還有華南較少見到辣醬油沾醬，這算是中國北方較為常見的醬汁，適合製作老虎菜，最常出現於涼菜或是海鮮的沾味醬名單上，滋味可說是鹹鮮味美。對於吃慣華南口味的我們來說，還真值得學習起來變化餐桌上的口味，也是一種味覺的小探險。生活不應該是一成不變的，畢竟我們是過生活，而不是過日子。

## 主輔料與調味料

辣椒乾 約 1 飯碗
醬油 8.5 大匙
白醋 5 小匙
味精 0.5 小匙
料酒 1 小匙
鹽 0.5 小匙
沙拉油 1 飯碗
白砂糖 0.7 小匙
蔥末 3 小匙
薑末 3 小匙
蒜末 3 小匙
香油 1 小匙

## 做法

1. 切好蔥、薑、蒜末。
2. 熱鍋加油小火，放入辣椒乾略微油炸，辣椒炸到褐色，放涼備用。
3. 把步驟 2 的炸辣椒乾以食物調理機切碎，或是以菜刀切碎。
4. 將全部材料放入容器內攪拌均勻即成。約可製成一飯碗分量，此辣醬油使用廣泛，適用於蔬菜涼拌以及海鮮等。

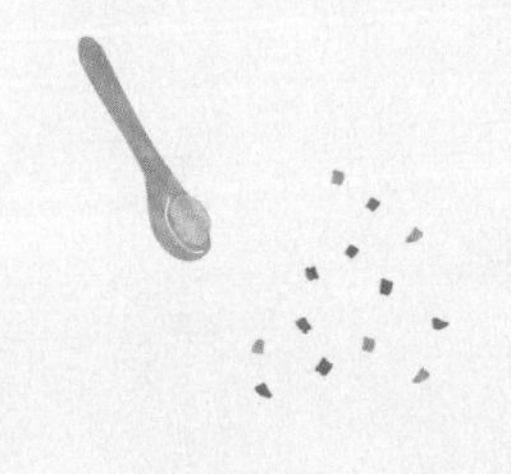

# 白米飯的講究

## 煮出好吃的米飯

數十多年前因公出差到日本的新潟縣，下榻日本公司所安排的獨身寮，獨身寮是專門給單身員工住的宿舍。對日本旅遊夠深入的人，對新瀉縣這地區必定有印象，假如不清楚，對於越光米總該有印象吧！新瀉縣出產越光米，還是品質最好的南魚沼越光米，是名物中的名物。

當時覺得怎麼會有如此好吃的米飯，軟而不爛，香氣高雅，糯不黏嘴。或許我吃的不是最頂級的南魚沼月光米，不過已經讓我很驚喜，回台灣前還特地買了幾包越光米。可喜的是台灣在一九七〇年引進月光米栽種，也就是大橋月光米，或許是產量的關係，能見度不算高。

一般稻米可粗分為三種，秈米、粳米與糯米。

**秈米**：秈字念音為鮮，米型長，黏性小，煮熟後顆粒鬆散，尤其適合製做炒飯。泰國香米以及再來米就屬於秈米範疇。

**粳米**：粳字念音為精，米型長圓形，黏性居中，煮熟後顆粒有點黏，但仍能分開，適合煮粥、煮飯，越光米與蓬萊米屬粳米範疇。

**糯米**：米型有長有圓，煮熟後最黏，也較難消化，適合製做粽子、湯圓、年糕等。因為難消化，所以胃弱的人吃多了，容易產生胃異常發酵的問題。

台灣屬於長江以南區域，本來就以秈米為主要稻種。台灣適合炎熱氣候生長的稻種，可是目前台灣主要以梗米籽（蓬萊米）為大宗，這全要歸因於日治時期日本稻作專家「末永仁」改良成功，把原本較不適合台灣氣候的稻種變成主要作物，最後由台灣總督伊澤多喜正式命名為「蓬萊米」。當初改良是為了要輸出至日本國，以應付日趨高漲的國內需求以及日俄戰爭的大量軍需。

## 如何選米？

觀察白米粒夠仔細可以發現，米粒透明度與品質或米種有關。米粒透明度愈高，代表蛋白質含量也高，蛋白質高的米粒硬度大，煮熟後的口感也軟糯芳香。米的腹部有一白色區塊稱之為腹白，主要成分是澱粉，如果米粒澱粉成份太多，也就是腹白太大，代表米粒不夠成熟，應避免購買這類的白米，並依照用途選擇米的種類。選擇配菜的米，以粳米或秈米為主。

## 煮前要如何準備？

洗米不要太過頭，台灣生產的米粒已經很乾淨，所以一般洗米三次就足夠，因為洗米時香味與營養也跟著流失。至於要放多少水？有些人用量米杯，當然這樣是很精準，但是如果某一天要煮三杯半的米時，要放多少水呢？用量杯就不方便了，這時候老人家留傳下來的經驗就能派上用場，而且十分管用，所用的工具就是你的手掌。白米洗乾淨後，加水浸泡至少十至十五分鐘。把手掌平放於米面上，慢慢加水，加到水位淹到手掌厚度的一半高度即可，更精確的說法是，水位線停留在中指最近手掌的第一指關節到第二指關節之間，這方法試用於各種煮飯法，燒柴、瓦斯或電子鍋。雖然每個人手掌厚度不一，可能會有點誤差，但是並不會影響到白米飯的成敗，只會略微影響軟硬度。當米飯表面可以留下大氣孔，代表米粒已經煮至八成熟。

雖然米有很多種，但是不代表我們一次只能使用單一米種。我會依照米的特性，依一定比例添加，做出最適口的米飯。我喜歡的配方是泰國香米（3）：蓬萊米（2）：長糯米（0.5），這個配方的口感粘性較低。如果喜歡更軟的米飯，可以把蓬萊米與泰國香米的比例相對調整，就可以煮出更軟糯的白米飯。如果沒有泰國香米，用優質在來米也是不錯的選擇。

# 手撕蘿菜

## 要「活」，也要「快」！

午後三點半，太陽熱力漸漸疲軟了下來，推開門進入眼簾是偌大的空間，空氣中瀰漫著老酒混雜油脂的鑊氣，這是台灣早期外省館子特有的氣味。門裡彷彿是團膳食堂般的大廚房，靠牆兩旁坎著四座炮爐灶，外加四座一般燃氣爐。廚房中央區域是料理島，僅擺著兩張案頭，案面兩端各擺放著數個櫸木砧板，沉甸甸地每只約莫十六斤，砧面留下陳舊的鑿痕，彷彿訴說著輝煌的過往。

老劉露出爽朗的笑容在裡間等著我，一貫中氣十足問我準備好了嗎？我點了點頭。館子內人人都稱老劉為劉師傅，他有典型成都人的保守與沉穩，約莫五十來歲，略顯駝背，或許是多年來的職業傷害。到廚房裡當學徒原非計畫之中，這中間費了一些周折，包括兩斤台灣鐵觀音，外加半打金門陳高，如此費心思無非是想請他教授我正宗地道的老川菜。現在年輕的川菜師傅都跟著潮流走，手藝步伐還不穩，就東湊西拼與人學些新派川菜，試問舊的都不明瞭，何來新派可言？

老劉說，他當學徒時是由年過六旬的老師傅帶領，雖然極為嚴格，但是他因材施教，不藏私，也知無不言，所以與老師傅習得一手了得的老川菜手藝。有人說遇到好師傅，是

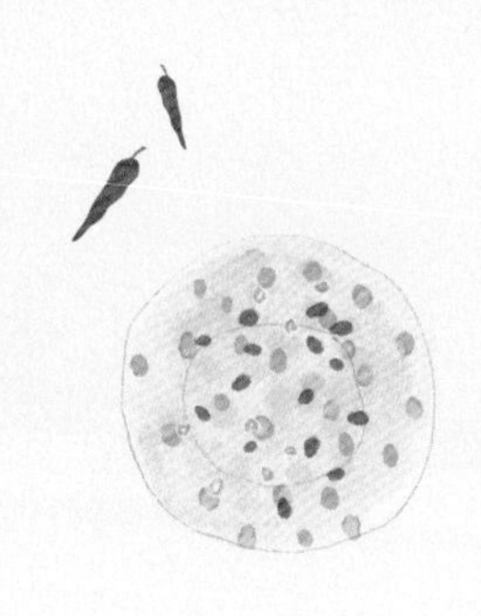

上輩子積來的福氣，一輩子受用不盡。或許這樣的緣故，老劉秉持傳承的心性來對待後輩，所以我答應每日上工前半小時，趕到廚房學習傳統經典的四川老菜，非常珍惜並感恩這樣的修業機會。

隨著老劉來到案頭邊，案上擺著一大盆蕹菜。蕹菜的俗名是空心菜，廣東人稱為通菜。頓時心理暗自想著，不會吧！炒空心菜？這道炒菜我小學時代就會了，何需半打陳高呢？老劉笑了一下對著我說：知道你腦袋瓜裡在想什麼，但是你之前的作法無法達到質量要求。我不語尷尬地笑著，但是心裡還在消極反抗。

老劉馬上示範一次讓我瞧瞧。手撕蕹菜，屬於火工法中的生炒，也是業內所稱的搶火候菜餚。熱油旺火，蒜末先行，辣椒末置，待香氣一出，空心菜立刻倒入鑊底，水爆茲茲聲大作，右持勺左顛鍋，不斷翻炒，接著調味，前後不到一分鐘，即刻盛盤試吃。閩南語有一句話「同樣不同師傅」，劉師傅對於火候掌握的精細手法，無法一語道盡，「活」與「快」兩個字是最佳詮釋。所謂活，指的是雙手靈活，兩手並用；快，則是出手快速，迅速流暢一氣呵成，絲毫沒有多餘的動作。

再說生炒法的原料大部分比較細嫩，所以炒菜時間不能過久，時間一過久，也就是所謂的過火了，蔬菜原料出水過多，炒菜成了煮菜或是熬菜，連帶稀釋了香味，鑊氣也消失殆盡。

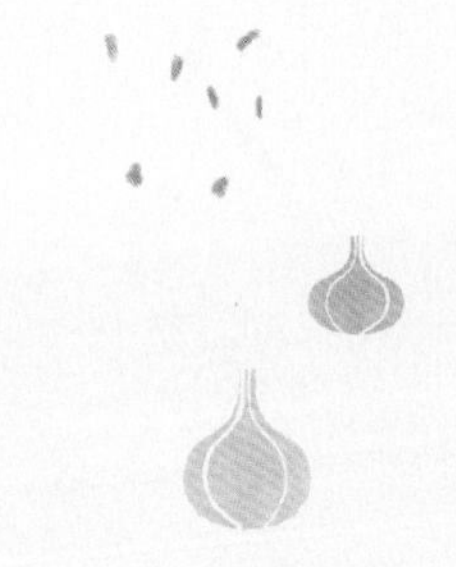

中菜須知

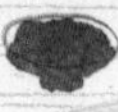

**炒法概述**

炒法，最早記錄的典籍是南北朝《齊民要述》，當中記載的炒法是生炒，其他炒法多是生炒的衍生變化，足見生炒法的歷史悠久。直至明清，炒法有了最大的發展，譬如生炒、熟炒、乾炒、滑炒、焦炒、軟炒、抓炒、爆炒……。

## 主輔料與調味料

**材料**

空心菜 250 克

蒜瓣 3 顆

紅辣椒 半根

混合油（植物油：豬油＝1：2）適量

**醬汁材料**

鹽 1/2 小匙
（依個人喜好增減）

雞粉（或味素）1/4 小匙

## 做法

1. 先將空心摘去老葉子部分，清洗乾淨後用手將菜葉摘下，而菜杆用刀切段，蒜瓣拍碎，紅椒切斜圈。
2. 起鍋旺火燒混合油，直到略冒青煙，下蒜瓣炒香，約 3 ～ 4 秒。
3. 當有香氣即可接著加入空心菜杆和紅辣椒翻炒。
4. 數秒後，再下葉子部分。
5. 觀察葉子顏色開始轉為較深的綠色，這時大致上蔬菜已經七分熟，可以嘗一下，如果確定可以接受的熟度，隨即加入鹽、雞粉（或味素），略拌勻即可。

到味一點訣 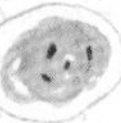

1. 空心菜選擇以無黃葉，並且菜梗粗短為佳。
2. 空心菜洗滌過後，大致甩掉水分後，必需晾乾至少 8 分鐘。
3. 火力要用旺火，就是能多大就用多大的火，只要你能掌控。
4. 蒜瓣不宜爆炒太焦，略炒出香味即可。
5. 等菜炒好，熄火，味素或雞粉隨即加入，這樣可以保持最大程度鮮味，也不致於把味素炒焦。
6. 混合油（植物油與豬油），建議比例為 1：3。
7. 油的份量，以成菜是見油亮，不見油最佳。
8. 炒製過程，除非會燒焦，能不加水就不加水。

# 經典蛋炒飯

## 簡單蛋炒飯，蛋炒飯簡單？

若撇開例外狀況不談，幾乎每個人都吃過蛋炒飯吧！蛋炒飯香氣與口感兼具，好吃不在話下，不過為數不少的人會覺得蛋炒飯是再簡單不過的食物，難度僅高於煎荷包蛋。多數人實際碰到的狀況是把蛋炒飯炒熟，確實很簡單，可是要做得好就真的需要點道行。

蛋炒飯的歷史，根據典籍記載少說有一千四百年以上。相傳源自隋朝越國公楊素，這人特別愛吃碎金飯，也就是蛋炒飯的前身，後來隋煬帝巡視揚州時，也將蛋炒飯傳入當地。所謂「碎金飯」，現代人稱之為金包銀的炒飯，就是把飯炒得顆粒分明，裹以蛋黃汁，熟後色如碎金，閃爍著油光，這也就是俗稱的蛋炒飯。揚州炒飯最初因蛋黃色澤如金，飯粒色白如玉，炒出來的飯粒都是外黃內白，所以又稱之為「金裹銀」。

清．顧仲《養小錄》有著這麼一段文字：「凡試庖廚人手段，不需珍異也。一肉、一菜、一腐，庖人抱蘊立見矣。蓋三者極平易，極難出色也。」以上是在描述當時官宦人家僱用家廚，有三樣必定涵蓋的術科料理。時至民國初年，則改成蛋炒飯、青椒炒牛肉、酸辣湯，分別測試火候、刀工與調味。不就是拿蛋來炒飯，哪有什麼可以講究的呢？要判斷好的蛋炒飯有以下幾個判斷標準。

首先，飯粒需粒粒晶瑩、鬆散不結塊。第二、蛋要炒的散而不碎。第三、炒飯口感要爽口但不燥口。第四、炒後要油亮而不見油。第五、蔥花要剛斷生。這些是一道標準炒飯的評鑑要點，如果都做得到，要學習其他料理就不是多大的難事了。

任何對自身手藝有一絲自尊心的店家，不會端出一盤油膩膩的炒飯給客人。務必現點現炒，最忌諱放到蒸飯鍋保溫，那種了無生氣的偽炒飯，引不起食慾，所以外食者要仔細慎選蛋炒飯的店家，這當中良莠不齊差異頗巨。如果貿然到一般館子或是海產攤點蛋炒飯，不是炒的太油，就是太燥太乾，所以我到外面吃飯，除非同桌食伴要求甚堅，不然蛋炒飯這一物能免則免，以免食畢後懊惱不已。

反觀，只要在一定水準以上的飯館食肆，其任何菜肴總是比家裡做出來的多了點鑊氣，也來得好吃，甚至連一碗炒飯也強上好幾倍。深究其中原因，一般餐館有專門的烹飪廚師，大多有豐富的火侯經驗，下料準確又恰如其份，再者專業廚房裡物料齊備油水充足，最重要的是爐火力猛，檔次高級的加上湯，而非味精或是雞粉，所以比起家裡烹製的炒飯要可口千百倍。一般家庭製作炒飯要達到百分之百的館子水準，可以說是毫無希望，但是只要幾個關鍵把持講究一下，雖不中亦不遠矣。以下分析一下各個關鍵以及講究之處。

## 米飯

既然說的是蛋炒飯，首要關鍵就是米粒的選擇，一般建議使用秈米為宜。秈米也就是台灣所謂的再來米，主要特性為粘性較粳米小，粳米則等同是台灣的蓬萊米。秈米煮出來的米飯粘性小，吃起來較為爽口，久吃不膩，最適合拿來製作炒飯。有一點需要注意的是，台灣的再來米或蓬萊米多數有經過雜交育種，並不是百分之百的純秈米或純粳米種，多數是粳、秈米交互雜交。

因此，除了烹煮時在水份添加上調整之外，直接購買泰國香米也是極佳的選擇。再來就是米飯的煮法也是關鍵之一，欲知煮法可參考〈白米飯的講究〉一文。有人問一定要用隔夜飯嗎？我倒是有不同看法，依我的作法是煮飯的水分比正常米飯略減一些，而且將剛煮好的飯放在電風扇前，吹掉多餘的水分也可以達到成功的效果。隔夜飯只是以時間換取效果的折衷方法，真的急用時，使用風扇加速散熱，吹掉多餘水分，炒出來的炒飯依然是可以倚賴的，提供大家試試。

## 雞蛋

首先要搭配多少蛋才最完美？這是見人見智的問題，沒有標準答案，不過蛋太多或太少都不會好吃。依我的標準來說，雞蛋重量是米飯重量的一半最適宜，也就是每三百克重的米飯，搭配三顆雞蛋是最完美的比例。

再來說說雞蛋的前置準備。有些人喜歡將雞蛋先打散，其實這個步驟可有可無，橫豎雞蛋都是要下鍋，屆時再來拌炒也不遲，因此事先打蛋可以說是畫蛇添足多此一舉。然而雞蛋也不宜打得太散，這樣做的缺點是，如同吃罐頭的嬰兒一般，每一口都一樣，雞蛋口感較為單調，吃起來較容易膩口。我們可以想想，好吃的食物都有一個共同特徵，那就是手工製作，而手工之所以可貴，就在於做出來的食物每一口的口感都不太一樣，較為豐富，也久食不膩，這是用機器大量生產較難辦到的，因為食材均質化太過於徹底所導致。

又說到起鍋、燒油、下蛋、炒製初期，將蛋略微拌炒幾下弄散蛋黃，這時有人會添加些許鹽，利用鹹味來提升鮮味，那是因為蛋黃有穀氨酸，搭配適量的鹽可以讓鮮味更加突顯，但我習慣將這個步驟忽略。雞蛋下鍋後，我習慣稍等幾秒，等待雞蛋液稍稍凝固，藉此保持雞蛋本身的機理，這樣吃起來富於口感，也就是之前提及的「蛋要炒得散而不碎」的道理所

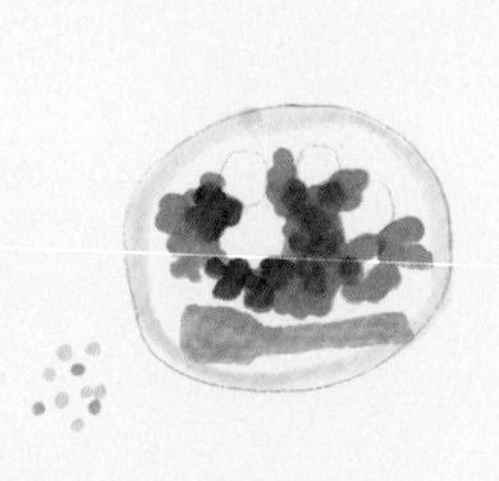

在。一般人認知煎荷包蛋不能過老，還標榜蛋黃半生熟最好，但是把雞蛋炒得較熟些不全然是負面，反而賦予炒雞蛋更多的香氣，提供大家另一個烹調手法與思考方向。

## 配料與調味

蛋炒飯主輔配料繁多，只要主輔配料改變，名稱也隨著推陳出新。然而任憑配料如何翻新，始終存在著無可撼動的經典款蛋炒飯，配料甚為簡極，如米飯、雞蛋、豬肉片、蔥花、鹽，沒錯！就只有這樣。蛋炒飯最極致的滋味全在於米飯香、炒蛋香、豬油香以及蔥花香，集四香於一盤，沒有其他配料或是調料可以掩蓋原本應該被品嘗到的香氣。有些炒飯會加入醬油以及胡椒粉，這個做法算是聊備一格，不必然是上品；或者添加青豆、胡蘿蔔丁等口感過硬的輔料，這個做法只會讓純正的口味受到干擾，除了賞心悅目之外，只有頂牙礙口罷了。

因此簡單最好，味道簡單才可以品嘗得到真味。有一部分人不喜歡味素，甚至把味素妖魔化，但是味素有其添加的必要，因為一般食材有香無鮮，或是鮮度不足，添加適量增鮮劑如味素或是雞粉可以促進食慾。如果還是堅持不用味素與雞粉，也就是崇尚天然至上者，又要兼顧鮮味，那麼唯一選擇就是添加上湯或頂湯，上湯是純淨又最高級的高湯，若有需求者，可以參考〈自家製頂湯〉一文。

除了經典蛋炒飯，還有另一道蛋炒飯也深得我的喜好與推薦，這是習自一位廣東師傅的做法，姑且稱之為廣東蛋炒飯，最大的特色是採用芫茜來取代蔥花，芫茜是廣東人口中的香菜別稱。由於香菜味道較為濃郁，與經典蛋炒飯有明顯的區隔，也讓蛋炒飯改變了味型而成為廣東炒飯，它的輔料較經典蛋炒飯豐富一些，又多了叉燒肉與蝦仁，也添加幾滴老抽增色。關於廣東蛋炒飯具體做法，可以參考本書另文介紹。

## 主輔料與調味料

白飯 2.5 飯碗
豬肉片 150 克
豬油 4 大匙
（或植物油混豬油）
蔥花 5 大匙
高湯 4 小匙
蛋 2～3 顆
鹽（或是味精，依口味逐量喜好添加）適量

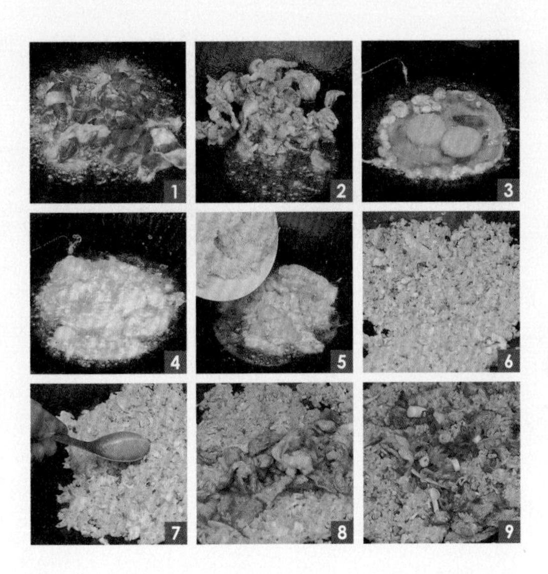

## 做法

1. 炒鍋上灶，加入豬油熱鍋，再加入豬肉片。
2. 豬肉片炒至斷生剛熟即可，後面還有炒製的機會，需要留一些預度，把剛斷生豬肉片盛起備用。
3. 接下來是炒雞蛋，利用炒豬肉剩餘豬油脂，放入兩顆蛋。
4. 略炒攪散弄破蛋黃即可，略等蛋周邊半熟，才用炒勺略微拌炒，盡量保持炒蛋成片狀。
5. 當炒蛋已經全熟，再加入冷白飯拌炒。
6. 拌炒至聽到米粒的輕微爆跳聲，這就是白飯將要炒透的特徵。
7. 一邊用高湯以及適量鹽調味，再拌炒 1 分鐘。
8. 加入步驟 1 的豬肉片繼續拌炒，這個時機放入炒熟豬肉片，是要保持豬肉片不至拌炒太久而過於老柴，若喜歡肉片較有嚼頭的口感，可以與白飯同時下鍋一同拌炒。
9. 最後調味，如鹽或是味素，熄火隨即撒上蔥花，兜炒數下，以餘溫燜熟蔥花，盛盤上桌。

到味一點訣

1. 炒蛋時，盡量將蛋片保持片狀，一來蛋片保持美觀，二來蛋片吃起來香氣更集中。
2. 之所以先炒豬肉片，而後炒蛋，是因蛋是很吃油的食材，若先炒蛋，鍋內油被蛋吸光，下一步鍋內就無油可以炒肉片，若再添加油脂，炒飯就會太過油膩。
3. 炒完白飯後，可以觀察鍋底，有油亮但是沒有明顯油脂聚集於底部，就代表油脂添加的不會過多。

# 鹹魚蒸肉餅

## 冬季的鹹魚香

每年冬季接近最冷的日子前後，義伯家屋簷下的木樑上總是吊掛著各式各樣的食材，不是生魚就是生肉。小孩子的我們有點嫌惡它的氣味，總是躲得遠遠地，深怕這些汁液會滴入頭頂。附近的野貓成日在附近徘徊，久久盯看著這些魚、肉，期盼著從屋檐上掉下一塊肉。義伯也不是省油燈，老早就在野貓可能出現的每一條路徑前擺下路障或陷阱，除非貓兒長了翅膀直飛上來，不然也只能望梅止渴。

台灣是個海島，想吃到各類海鮮不成問題，不論是魚、蝦或蟹。在冷凍技術仍不普遍的台灣早期，住在遠離海岸的居民想要不出遠門又能吃到新鮮漁獲，往往是不切實際的空想。尤其是熾熱的夏季，任憑再新鮮的漁獲，魚販到內陸村莊沿戶叫賣的魚還能是鮮魚？為了保持鮮魚的好賣相，魚販就試著加點鹽，不讓魚貨的鮮度迅速裂化，隨着離海岸愈遠，添加的鹽巴就愈來愈多，而口味也就愈來愈鹹。

母親回憶小時候常常看見餐桌上的小碟子裡總是多放著一塊油煎鹹魚，這塊鹹魚是她的爺爺的專屬菜碟，別人碰不得，小孩子們也很懂規矩的不敢吵著要吃，不然會被狠狠地修理

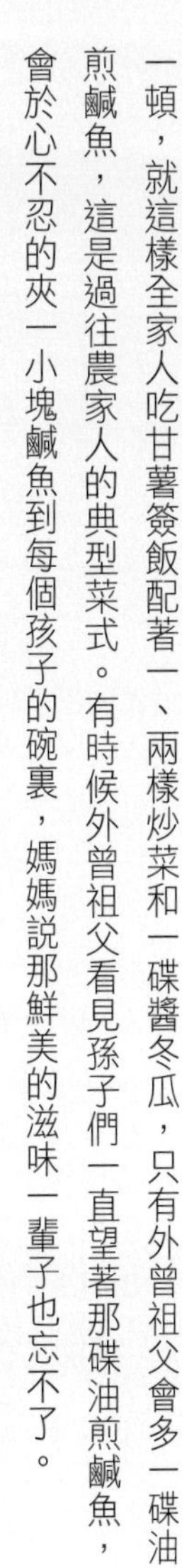

一頓，就這樣全家人吃甘薯簽飯配著一、兩樣炒菜和一碟醬冬瓜，只有外曾祖父會多一碟油煎鹹魚，這是過往農家人的典型菜式。有時候外曾祖父看見孫子們一直望著那碟油煎鹹魚，會於心不忍的夾一小塊鹹魚到每個孩子的碗裏，媽媽說那鮮美的滋味一輩子也忘不了。

多數人出生在有冰箱的年代，對醃漬食品沒有概念，更不可能有這些舊時的記憶。養生風興起，這些醃漬食品自然被棄置一旁，也漸漸退出於多數庶民的生活，而今日最容易看到的地方，也只有在北部最大的南北貨集散中心南門市場。

曹白魚是醃漬鹹魚的大宗，台灣人稱為力魚，這種醃漬魚的鮮味沒話說，可惜與長江鰣魚一樣多刺，列入張愛玲的三恨之一。巨賈不愛吃，庶民不了解怎麼煮，所以過往都入不了宴席，形同下賤的雜魚。當力魚在台灣海域消逝近三十多年的某一天，在南門市場看到鹽漬力魚，每台斤要價近四百元台幣，當時心理強作鎮定，只差沒被嚇得魂飛魄散。

義伯的廚房三不五時會傳出蒸鹹魚的味道，這是一種特殊的油脂味道。要是月初手頭寬裕些，義伯還會把半肥半瘦的豬肉碎與鹹魚碎一同拌勻蒸煮，他說豬肉一定要用手剁，吃起來才會爽口，而且要加一點地瓜粉攪拌上漿。那個時代的庶民生活較為拮据，大都把蒸菜與白米一起蒸煮，白米飯熟了，蒸菜也同時完成。義伯一邊剁著肥豬肉，一邊叫兒子二毛把浸泡好的白米先放進蒸籠底層，點起爐竈的火苗，添些柴火，再把裝著鹹魚豬肉的碗公放進蒸籠上層，蓋上蒸籠蓋後一起蒸煮。我看著義伯的這些準備功夫之後，肚子也餓了，假裝與二毛玩著公仔牌，賴皮地一起在餐桌邊等待出籠。記得這是我第一次吃到鹹魚蒸肉餅，好吃又好下飯，很快地多添了一碗白米飯，吃的好飽好撐。

氣溫愈來愈冷，臘肉臘魚等年貨也蓄勢待發上市，讓我想念起鹽漬力魚的滋味，可惜一時半刻做不成鹽漬力魚，到了南門市場又撤退回來。就在饞嘴掙扎之際，想起冰箱微凍室還擺著兩條薄鹽挪威鯖魚。薄鹽鯖魚是在少糖少鹽少油的養生考量下選購的，既然也是鹽漬鹹魚，不妨湊合著用用看。先把肥豬肉剁碎，與肉販絞好的瘦豬肉混和一起，再用湯匙把魚皮上的魚肉一層層刮下來，這樣的做法一來口感較為細緻，二來可以順便把魚刺挑出來。把豬肉碎與魚肉碎混和後加上調味，放進蒸籠或電鍋中蒸熟即可。

製作過和吃過鹹魚蒸肉餅的感想是，鹽漬鯖魚終歸還鹽漬鯖魚，雖鮮味無法與力魚相提並論，但是在健康輕食的風潮下，薄鹽有另一番風味。只要適度地加點鹽調味，就能掌握鹹魚蒸肉餅的美好滋味，而且價錢只要醃漬力魚的四分之一。

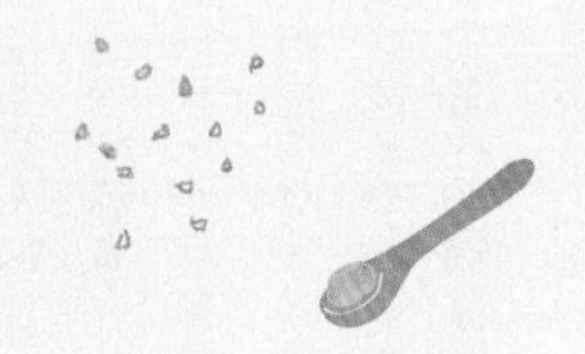

到味一點訣

1. 這種下飯菜，吃的是鮮味。而鮮味需要靠鹹味呈現，必須借助鹽的陪襯。調味的原則是直接吃略鹹，與白飯同吃就會覺得剛好，而且不失鮮美。
2. 有些人覺得魚就是要加點薑、蔥才能夠去腥，事實上不一定。有些魚有腥味，腥味多來自魚腹部的魚油，但是有的魚沒有腥味，加了薑不扣分，但也沒有加分，或許反而會改變魚肉本身的風味。
3. 凡是肉漿類製品，攪拌上勁是一定要的過程。所謂「上勁」，它的物理原理是動物蛋白質經過攪拌，酸鹼值改變了，也幫助釋出蛋白質，讓蛋白質變得更有黏稠性，也就是說會讓加熱成熟的肉漿組織變得更有彈性而不會鬆散，口感更「爽」。
4. 肉漿加了澱粉，是為了讓肉更容易成團，降低製作困難度。如果不喜歡黏稠感，或是豬肉夠新鮮，不加澱粉也可以。

## 主輔料與調味料

薄鹽漬鯖魚 半條　　鹽 2 小匙
瘦豬肉 300 克　　地瓜粉 4 小匙
肥豬肉 150 克　　清水 3 大匙

## 做法

1. 取用薄鹽漬鯖魚 1/4 條，至多 1/2 條。
2. 以湯匙刮取魚肉，把魚刺挑除。如果魚肉不夠碎，可再用刀細剁成魚蓉。
3. 瘦豬肉以及肥豬肉，以手工先切成片再切成條，最後切成石榴籽大小。至少肥豬肉一定要用手工切。
4. 先攪拌瘦豬肉以及肥豬肉。
5. 適度添加鹽、地瓜粉以及清水，逐次添加，持續同一方向攪拌直到出現黏性。
6. 當豬肉攪拌出黏性，加入步驟 2 魚蓉，攪拌均勻。
7. 裝入耐熱容器內。
8. 於絞肉中間挖個至底圓孔，加入清水。
9. 擺上魚頭，作為裝飾。放入蒸鍋內，開中火，保持水沸，蒸約 26 ～ 30 分鐘。用溫度計測試接近中心肉餅約 76℃以上，中心圓孔水溫 86℃ 以上表示已經蒸熟。

# 青椒荷包蛋

## 尋常食材，不尋常的滋味

荷包蛋吃過嗎？想必沒有吃過的人應屬少數。在過往農業時代，尋常人家無法經常吃雞蛋，雞蛋大多是要孵成小雞，再由採購者上門收購，而雞蛋多數是要賣錢的，哪裡捨得自己吃，通常只有家裡的長輩、孕婦或是病人才偶有機會用雞蛋來補身子。父執輩的親友提及過往物資匱乏的年代，曾經經歷過一年只吃一個雞蛋的艱苦歲月。

只要歲數一過不惑之年，彷彿啥事都稀鬆平常，啥事都不稀奇。可是青椒荷包蛋確確實實讓我上了一課。初次吃到青椒荷包蛋真的很驚訝，將每一種食材分別來看都很尋常，並無特殊之處，也不過就是青椒、雞蛋、豆豉與醬油而已，但是綜合起來卻是鮮與香氣的絕妙組合。

台灣人看到青椒會直接聯想到如燈籠狀的桶型青椒，然而這種青椒的學名是甜椒，是英文的直譯名詞，閩南語發音為大同仔，大同仔是商品名，是過往非常普遍的甜椒品種。這道菜是家常湘菜，即湖南菜，當地家家都會做，同時也是湘菜館的熱門菜，他們都是用本地的湖南椒，也常用中國的杭椒，兩者都屬於青尖椒，也就是台灣的青辣椒，不過青辣椒有辣與不辣之分。

台灣本地常見的青辣椒品種，大多是中等辣度到不辣之間。這裡我喜愛使用的是糯米椒，又叫做小青龍。糯米椒引自日本，江戶時代就普遍種植於京都伏見地區，所以又稱「伏見甘長唐辛子」，是常見的京都蔬菜，最大的特色是幾乎不辣，口感札實而且風味特殊，是頗受歡迎的青辣椒，拿來炒菜極為合適，而且對於不耐辣者是一大福音。這道菜也可以用台灣俗稱的青椒，也就是閩南語的大同仔替換，只是口感不如糯米椒來的扎實。

再來説説雞蛋，雖然現代人吃飽已經不成問題，但是吃的品質卻是每下愈況，雞蛋尤其明顯，好吃一點的雞蛋所費不貲，而且花了錢還不一定得到等值回饋。尤其市面多標榜放牧、放山、有機等等，這些廣告詞無非要製造賣點來創造需求，但是如果是有智慧的美食品味者，就需要以智慧來過濾真偽。與其相信這些宣傳廣告，還不如相信國際或國內認證的品牌來得有保障，如HACCP、ISO2000以及台灣安全農法等。

雞蛋的選擇上以個人習慣為主，我較喜歡購買沒有經過水洗的散賣白色雞蛋，而棕色雞蛋無實質意義，營養價值與白色雞蛋一樣，不需要花大錢當冤大頭。我也較少購買大賣場的選洗雞蛋，價錢當然是原因之一，而且多是大小摻雜，有些根本就該淘汰的小雞蛋也混在一起，讓人有種強迫中獎的惡劣感。選擇上還是有一些需要注意的地方，如雞蛋表面愈粗糙代表愈新鮮，表面光滑就是放了較久的蛋。也可以搖一搖，如果晃動很大，表示氣室很大，已經不新鮮了。

至於雞蛋的外型也有一些挑選準則，喜歡吃蛋黃的可以挑圓一點的，喜歡吃蛋白的就挑長一點的，雞蛋形狀關乎於蛋黃與蛋白比例的多寡。再來就是打開雞蛋，將雞蛋液放在容器裡面，新鮮的雞蛋液凝聚力較強，蛋黃濃度高不易潰散，可以放在手掌指縫間不會破掉，甚至以牙籤插入蛋黃中央不會散掉的都是上品。

雞蛋品質是這道菜的靈魂之一，也就是香味與甘醇味的關鍵組合，然而醬油也是鮮味來源的重要因素之一。一般所謂的醇豆麥釀造是較好的選擇，而且風味也較佳。不過現在醬油製造商大多魔高一尺道高一丈，光是搖晃醬油觀察泡沫細緻度與耐久度，也不見得就是百分之百的品質保證，唯一方法就是選擇台灣老字號的專業醬油廠，這裡指的老字號廠家，並非是多角經營食品的製造大廠。口碑需要長時間來積澱，速成不得。

有一次在一家標榜不放味精的湘菜館子吃飯，桌上有幾道常見的家常湘菜，沒有因為不添加味精而感到特別美味，不放味精或是鮮味料反而更加突顯食材的缺點。飲食的真諦不在於參鮑肚翅求奇求珍，而是在於身心的滿足愉悅，所幸這餐還有青椒炒荷包蛋，它有天然豐富的鮮味與香味，有此菜便足矣，不然這一頓飯可說是人財兩失。不是嗎？

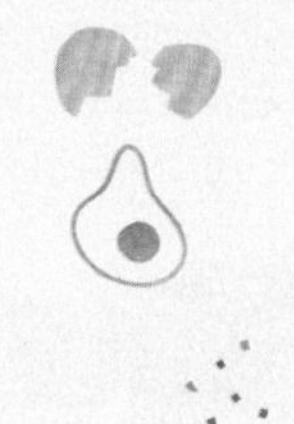

到味一點訣

1. 煎荷包蛋時，把蛋黃刺破，因為這道菜吃的是香氣，讓蛋黃的香氣分散於蛋白上。將蛋白煎老一點，也是為了增添香氣。
2. 醬油極易燒焦，所以才需要以中小火炒製，正常狀況是不加水的，除非快燒焦。但是加了水，是救了這道菜，也算毀了這道菜，因為加水之後鍋氣也消失殆盡了，所以火力務必要調整好。
3. 也有一些變化吃法，就是加入適量蠔油增添海鮮風味，至於加入時機，同醬油一起加入即可。

## 主輔料與調味料

蛋 3 個
糯米椒 100 克
（可依洗好增減）
紅辣椒 1 根
（不嗜辣者可略）
蒜 1 小匙

薑 1 小匙
豆豉 1 小匙
植物油 4.5 大匙
醬油 3 小匙
鹽 適量
（可依口味添加）

## 做法

1. 糯米椒切片或是滾刀片，並將所有的材料先準備好。若喜歡吃更濃的辣椒香，可以加入無油炒鍋內先乾煸，直到有糯米椒的辣椒香氣，以及糯米椒的辣椒表面有一點點白色焦化即可起鍋備用。
2. 加入 3 大匙植物油，蛋煎成荷包蛋，要把蛋黃部分刺破。
3. 荷包蛋要煎的稍微老一點點，也就是周邊蛋白部分，要有點焦黃。
4. 荷包蛋煎好後，切成 4 ～ 5 塊備用。
5. 加入 1.5 大匙植物油，熱鍋，以中小火將蒜、豆豉、薑炒香。
6. 接著糯米椒辣椒下鍋，再略炒數秒。
7. 加入步驟 5 切好的荷包蛋。
8. 由鍋邊淋上醬油，注意不要讓醬油燒乾。
9. 若要添加鹽之前，先熄火，加入味精後再兜炒一下，即可起鍋盛盤。

# 韭菜炒豬血

## 客家傳統風味

台灣人應該對豬血不陌生，如豬血湯、豬血糕、酸辣湯、麻辣火鍋都可以見到它。豬血糕算是臺灣本土特產，發源地是在台北，基於實惠因素而受民間歡迎。中國人食用豬血有一段歷史，明朝《本草綱目》也有一些著墨，只要在華人活動的地區都不難找到豬血的蹤跡。

不論是歐亞洲或非洲都有吃豬血的習慣。歐美多灌製成豬血腸，如法國巴斯克豬血香腸（Boudin à la basquaise）、家常黑血腸（Boudin noir à la maison）或是加拿大的Boudin Du Pays，當然中國東北也製作豬血腸與酸菜鍋搭著吃。

近年因美政府不再補貼種植大宗物資，如玉米或是黃豆，使得上下食物鏈產生了價格與供應上的劇烈變動，豬肉吃不成，改吃豬血也不錯。豬血價廉物美，堪稱養血之玉。豬血其俗名有血豆腐、液體肉之稱，雖被人們視為屠宰下腳料（賤價的下等食材），但卻是最理想的養血之物，除了鐵質高於所有肉類，還含有一些人體無法製造的氨基酸以及一些微量元素，尤其適宜愛美的女性食用。有三高的人，不適合吃肉類，以豬血替代也是不錯的方法，但仍須注意食用量。

豬血食用方法很多，可將豬血切片與蔥、薑、青蒜炒食，也可將豬血切絲與粉絲、黃瓜絲做成涼拌菜，更多人習慣用豬血與瘦肉、粉絲、青菜做成湯。以前老家前面，就有一位賣

豬雜湯的老伯，那年代攤販不多，警察先生也是睜一隻眼閉一隻眼，只要不嚴重妨礙交通也就隨他去。母親一向勤儉持家，所以家中小孩並不常吃外食，偶而光顧附近的小吃攤，大啖如豬血湯、蚵仔麵線、鹹湯圓、鹹粿條、肉羹麵等小吃。

因為賣豬血湯的攤子離家最近，所以也最常光顧。這豬血湯沒有招牌，憑童叟無欺而生意興隆。店家為人殷實，話不算多，人也親切，他們賣的豬血湯吃法，有基本款豬血湯，幾塊豬血放入豬內臟熬的鮮湯，加入一點酸菜絲，一撮韭菜段，端出前店家還會問一句吃不吃辣，如果吃辣還會再加上一點點白胡椒粉，記得那帶著內臟的鮮味撲鼻而來，吃起來真是好味道，是不吃內臟的人無法體會的珍饈。除此之外還可以來點變換，如果不想吃豬血，也可以換成米血，就是一般所稱的豬血糕，或者可加大腸、小腸、小肚、肝連等配料，那又是另外一種美味享受了。

自小有記憶開始，家中的酸菜多是自家醃漬，是由外婆教父親做的，因此酸菜從來不缺，無需假手他人或向商家購買，所以酸菜炒豬血是家中餐桌上常見的菜餚。客家人也將豬血入菜，或許一向樸實勤儉，會做一些下飯的醃漬物，如鹹菜，所以發展出豬血與酸菜炒製的客家傳統菜。當然紅花也要有綠葉襯，自家醃製的酸菜就是綠葉，雖然這道菜名字是韭菜炒豬血，字面上看不出有加酸菜，實在是酸菜用量不算多，不過綠葉在這道菜裡扮演著關鍵角色。做烹飪如同做人處事，過猶不及都不是樂見之事。

中菜須知 

肝連在哪裡？

有些人吃過卻不知道肝連為何物。說起肝連這東西可算是珍品，它就是位於腹腔與胸腔之間的橫隔膜，因為與肝臟有連結，故俗稱肝連。因分量不多，所以機靈的商人稱它為內臟中的松板肉，以便哄抬價錢。肝連也是熬湯好物，最重要的一點是，它不易老又可以熬出特別鮮美的高湯，與一般豬肉比較毫不遜色，甚至有過之而無不及。因此肝連這好物，在豬肉攤上是可遇不可求，因為一大早就被麵攤或餐廳預訂走了。

## 主輔料與調味料

豬血 1 塊（約 300 克）
韭菜 100 克
蒜頭末 2 大匙
辣椒末 1 大匙
薑末 1 大匙
酸菜 60 克
泡辣椒（或鮮辣椒）適量
鹽 1 小匙
五香粉 適量（無可略）
白胡椒粉 適量
太白粉加水 適量
豬油 2 大匙
高湯（或清水）適量

## 做法

1. 將韭菜、酸菜洗淨，切成約 1 公分長段。泡辣椒（或鮮辣椒）、蒜頭切末備用。
2. 豬血切成長 3 公分 ×3 公分的塊狀，先用滾水汆燙過，瀝乾備用。
3. 先炒酸菜，炒到酸菜表面微白。
4. 將鍋子燒熱，加入 2 大匙豬油，炒香蒜頭末、辣椒末、薑末。
5. 加入豬血塊拌炒一下，再加入白胡椒粉、五香粉、鹽。
6. 加入高湯或清水稍微燜煮一下。
7. 最後再加入韭菜、酸菜炒熱後，加入太白粉水芶芡即可起鍋。

到味一點訣 

將酸菜炒到表面微白，這樣做是要激發酸菜的酸度，之後煮湯時酸味會釋放到湯裏面，如此湯的味道會更加香醇。

# 金鉤蛤蠣燒冬瓜

## 鮮上加鮮，不失本味

不算特別愛吃冬瓜，但特別愛喝冬瓜茶，尤其是讓人昏昏沉沉的三伏天，最好來杯冬瓜茶，沁心透涼，清鮮止渴，非常痛快。但是一直弄不懂水桶腰般又粗又碩大的冬瓜，是如何變成好喝的冬瓜茶？有時還會異想天開的想著，為什麼這麼好喝的飲料不像自來水二十四小時全年無休，只要打開水龍頭要喝多少就喝多少。

冬瓜算是八月的蔬菜，在台灣的生產旺季是五月到九月之間，不過一年四季還是可以見到市場裡有販售。以前不懂為何夏季出產的瓜要稱為冬瓜，後來問了專家才知道，原來冬瓜在成熟之際，表皮會形成一層白粉，好似冬天結成的白霜，故命名為「冬」瓜。

從某個角度來說冬瓜可視為無味之物，無味有味是相對而非絕對，不然冬瓜茶豈不成了無味糖水，誰還會愛喝呢！冬瓜本身的味道淡雅，煮熟之後變成吸味之物，餵啥就啥味，所以曾經有人形容冬瓜：「一身素淡，心有百味」。

原味主義派追求食材的本味，追求味的真善美，要勉強自己接受淡而無味的本味？還是接受調和後的滋味？「有味使之出，無味使之入」是中菜烹調的最高指導原則，意思是說無味的食材只要加入調味，也可以成為美味珍饈，而且菜餚創新的關鍵以味為中心，味道是否令人喜愛或厭膩，在種種變化與組合之中，考驗著廚子的技藝與巧思。

上館子一定要點湯品的人，往往會選擇實惠的番茄蛋花湯，不然就是蛤蠣冬瓜湯，然而餐館大多有販售這兩種湯的主要原因是，一、利潤高，二、成菜迅速，三、佐餐效果好。就以蛤蠣冬瓜湯來說，之所以有這樣的組合無非是取蛤蠣的鮮美來增添冬瓜的滋味。台灣常見到的文蛤，連清朝乾隆爺也曾讚賞它是天下第一鮮。到底是不是真的天下第一鮮，這方面說不清楚，但是自古蛤蠣就是鮮味的代表，除非你用的蛤蠣是肉瘦的次等貨，否則它的鮮味無庸置疑。

喝蛤蠣冬瓜湯對我而言就像隔靴搔癢，吸引不了我的口欲，但是我特別偏愛「蛤蠣燒冬瓜」，用燒的方法無非是要鮮上加鮮而不失本味。這道菜不是獨創，是依照個人喜好加加減減長期琢磨出來的，最終實踐成功。首先由蝦米打頭陣，拌炒冬瓜塊，然後將蛤蠣用水蒸煮來保留鮮度，加入鍋中慢慢收汁，再加入薄芡以利巴味，最後撒上蔥花即成。它可以是席間的精琢小品，也可以是食堂大鍋菜，豐儉由人，菜不用多，下飯一道，足矣。

到味一點訣 

1. 加入清水時，要注意水面必須淹過冬瓜。小心不要讓鍋子沒水而繼續乾燒，很容易燒焦。
2. 蛤蠣放入蒸鍋內蒸至剛熟，以蛤蠣略微開為止。
3. 收汁最後階段，才加入蒸蛤蠣汁，不宜煮製太久，鮮味會變質。

## 主輔料與調味料

冬瓜 600 克
蛤蠣 約 8 顆
（直徑 3 公分，可依蛤蠣大小酌量增減）
蝦米　2 小匙
薑絲　1 大匙
蒜頭 2 大匙
蔥花　3 大匙
豬油 3 大匙
清水 約 1 碗
地瓜粉加水 適量

## 做法

1. 將冬瓜切成 1.5 公分厚的骨牌片。
2. 蛤蠣放入小碟子，放入蒸鍋內蒸至剛熟、略微開為止。
3. 熱鍋倒入豬油，倒入薑絲略炒。放入蝦米以及拍碎的蒜頭，炒至略有香味即可。
4. 放入冬瓜片，以中火拌炒均勻。
5. 加入清水，約淹過冬瓜的一半高度，約一碗分量。
6. 蓋上鍋蓋，小火燒製，慢慢燒軟冬瓜。若冬瓜還沒燒透，可以再添加 1/3 碗清水繼續燒。
7. 等冬瓜燒透即加入蒸蛤蠣湯汁，再加一點地瓜粉水，勾薄芡，讓湯汁巴上冬瓜即可，最後放入蛤蠣略拌，撒上蔥花，盛盤上桌。

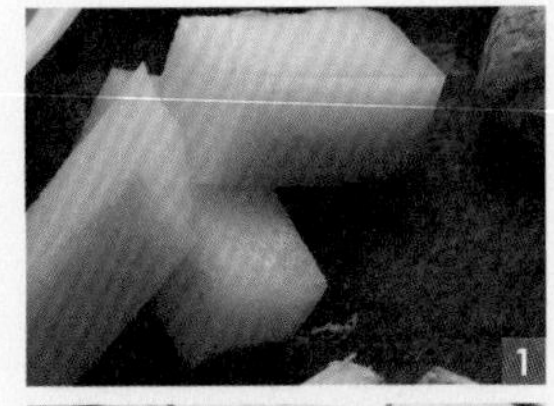

# 老虎菜

## 好吃到狼吞虎嚥

不知大家有沒有這樣的童年記憶，那就是有些食物總是不討自己歡心，比如紅蘿蔔與青椒。我自小胃口好，不太挑食，但是也列了一張不愛吃的食物清單，其中九層塔是拒絕來往的頭一名，第二名是香菜。

從小，香菜在我們飲食之中，大都扮演點綴或添香的配角，比如大腸麵線、魷魚羹、排骨蘿蔔湯等小吃，只要見到香菜末，我都會盡力挑除。這些香辛料深入我們的生活之中，是再熟悉也不過的味道，甚至以為香菜是台灣或是中國原生植物，其實它是外來植物。

香菜是俗名，中文學名稱為芫荽（音：圓雖），相傳與漢武帝的伴書童張騫有關。此人被漢武帝任命出使大月氏，期間被匈奴俘虜，抓了逃走，逃了再抓，來回折騰，歷經十多年才完成使命，順便帶回許多植物種子回到長安，如香菜籽、胡麻。香菜的古名稱為「胡荽」，而胡一字自古多是形容中國西北邊界以外地區，由此可知香菜為外來品種。

仔細觀察可以發現，在中國以及東南亞料理中也大量使用香菜葉，對香菜籽的運用比重相對較輕，反觀印度、中亞區域或歐洲則大多重用香菜籽。香菜的植物學拉丁屬名為Coriandrum，原始字意為「臭殼蟲」，未完全成熟的香菜葉或是種籽有一種奇特的氣味，喜歡的人說特別，不喜歡的人避之唯恐不及，我終於解開為何孩童時期那麼厭惡香菜的原因。然而香菜種籽成熟後會產生出多種香氣，最明顯的是柳橙與胡椒的芳香氣味，也有月桂葉、百里香、香茅草等醇類氣味，這也是香菜為何讓人著迷的原因吧！

香菜原產地遍及歐洲西南岸以及地中海沿岸，現今全世界各地都有栽培，中國主要分佈地區以華北最多，因此華北人發展出各式各樣的香菜料理，舉凡是炒菜、餃子、包子、餡餅、各式涼伴菜，使用量遠遠勝於華南地區。在地理上同屬中國東南方的台灣，把大量香菜當作主料的料理算是少見，大多用來點綴增香而已。

台灣每年冬季會進入香菜的旺季，往往一台斤綑成一束，如排球一般大小，要價不到台幣八十元，不過在夏季颱風季節農損嚴重時，那嬌貴的香菜一台斤大破三百元，更甚者直奔四百元大關。不管香菜價格處在高檔或是低檔，對一般消費者不會有太大的影響，因為一般消費者不知如何運用香菜，更不知如何當做主料使用。甭說一斤，就連一兩重的一小束香菜都運用有餘，最終下場不是放到枯黃，就是爛掉丟棄。

其實運用香菜真的不難，只不過是需要適當的方法罷了，就如同前面提到的涼菜。涼菜是大量使用香菜的好方法，有些作法更是美味可口，可以趁著旺季飽食香菜的好滋味。試著做做老虎菜，它是東北較為常見的家常菜，可別被這個名字唬著，這裏的「老虎」一詞，是形容好吃到如老虎般狼吞虎嚥。做法很簡單，用料除了香菜以外，其他也沒特別限制，只要你覺得好吃不礙口，愛放啥就放啥。

這裡要介紹的版本是既健康又好吃得做法，特別一提的是會用到一種稱之為醬疙瘩的食材，其實它就是醃芥頭菜。芥頭菜又稱之為大頭菜，需要到大一點的雜貨店或食品行才買得到，它還可以當做鹹豆漿以及廣東粥的配料。當然也不是非用醬疙瘩不可，只不過加了它口感較為豐富。如果遍尋不著，也可以用醬脆瓜替代，雖然口感不一樣，但是風味有幾分神似。

老虎菜主要吃的是香與鮮，如香菜、小黃瓜、豆乾與諸多香辛料的香，以及小黃瓜、豆乾調料的鮮。此時字裡行間飄散著老虎菜的鮮鹹滋味，不禁要垂涎三尺了。

## 主輔料與調味料

| | |
|---|---|
| 小黃瓜 60 克 | 辣醬油 2 小匙 |
| 豆腐乾 60 克 | 味精 1/4 小匙 |
| 紅綠辣椒 60 克 | 香油 1 小匙 |
| 香菜 60 克 | 蔥 2 小匙 |
| 醬疙瘩 20 克 | 薑 2 小匙 |
| 甜麵醬 1 小匙 | 蒜末 2 小匙 |

## 做法

1. 豆腐乾入溫水略煮，放涼切丁。
2. 醬疙瘩先切片，再切成細絲或切丁，最好大小一致。
3. 將小黃瓜、豆腐乾、紅綠辣椒（不好辣者選青辣椒）、香菜、醬疙瘩、蔥、薑、蒜都切成丁，放入盤中備用。
4. 將甜麵醬、辣醬油、味精、香油混合均勻成醬汁。將醬汁淋在步驟 3 材料上拌勻，再醃製約 10 分鐘，即可食用。

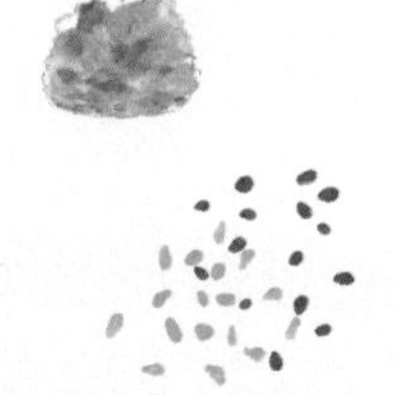

到味一點訣 

辣醬油，可以隨口味增減添加，詳細做法，見辣醬油一文（P.41）。也可當場調製，不過滋味較專門釀製的辣醬油略顯單薄，配方如下所示：醬油 1 大匙，白醋 1 大匙，麻油 1 大匙，紅油（紅辣椒油）1 大匙（不愛吃辣可略），味精適量。

# 酸辣黃瓜條

## 江浙館子裡的迎賓涼菜

有這麼個說法，當某人變得比以前更為囉嗦，必定是邁入老年的徵兆。照這個邏輯來看，我雖未髮蒼蒼視茫茫，卻似乎早在十年多前就已邁入老年。我對食物品質很挑剔，往往會叨叨絮絮，確實讓旁人感到困擾。

當自己年紀還小未能外出覓食之前，長輩三不五時帶者我們幾個小毛頭出去打牙祭，當時的館子還不是南北合，狀況不像目前嚴重。所謂南北合，就是任你到哪家中菜館子都可以吃到如麻婆豆腐、回鍋肉或是三杯雞等各式菜色。早期台灣的中菜飲食市場以江浙、四川以及湖南館子為主，到了中期，粵菜館子漸漸出頭，而川菜就漸漸地萎縮，唯獨江浙菜受歡迎的程度依然不滅，不過後來隨著西式餐飲進駐台灣，現在的江浙菜榮景已不似以往，但還是有一定的支持羣眾。

早年吃江浙菜可說是一種潮流，也是一種品味的表徵。以前常常被長輩帶去吃江浙館，因此對各種江浙菜餚不算陌生，可是當時小毛頭的我，對好東西還吃不出所以然來，也就更甭說是品味了，僅存的味道記憶只剩下一些大菜。

當時的宴席或便餐普遍講究，也較為中規中矩。安坐後話家常敍敍舊，一邊上茶止渴，

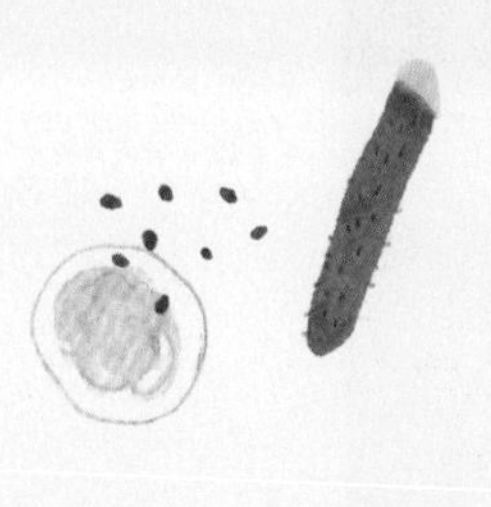

同時潤潤口腔發揮該有的味覺功能。講究一點的宴席，在頭盤來之前會有幾道小菜，一般是涼菜，而涼菜又叫做開門菜或是迎賓菜，這是什麼道理？清代袁枚《隨緣食單》須知單有這麼一句話，上菜須知：「鹹者宜先，淡者宜後；濃者宜先，薄者宜後」。其目的當然是要有節奏的刺激食慾。

大部分的涼菜是以偏甜、酸或鹹為主味。一般還沒用餐之前，味覺還沒完全開啟，以略微偏重的酸甜鹹味來刺激味蕾，可以為後面的主菜打下基礎。眾多江浙館子裡的各種大小菜餚中，印像最深的還是涼菜，一般來說大菜只要選料選得精，在口感方面基本上差異不大，但是有些館子的涼菜或是小菜總是特別的惹味可口，只要少數的幾道涼菜都可以成為該店家攬客的人氣商品。

小黃瓜是自小喜歡的蔬菜之一，因為每次在小館子吃到的涼菜都會有酸辣黃瓜，以當時的江浙館子來說，極少機會可以看見辣的菜式。但曾幾何時，隨著台灣經濟起飛，飲食品質卻隨著沈淪，多數館子食肆不願再用心做菜，連帶涼菜的過往水準也隨著消逝。每當我走到小菜櫃子前想尋覓那過往的滋味，但每每望碟興嘆，直到與一位浙菜廚師討教之後才得以如願再嘗。該名廚師願意無償大方賜譜，我也不敢藏私而據為己有，在這裡公開是希望有心人依據此譜仔細實踐，一同品嘗平凡卻不簡單的酸辣黃瓜條，當作是功德一件。

中菜須知 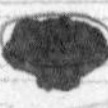

黃瓜古名胡瓜，又稱花瓜、黃瓜、青瓜等，相傳是張騫自西域帶入中原。一般在台灣常見到的胡瓜是屬於小型果實品種，所以又稱為小黃瓜。該原始品種是日治時代由日本人引進台灣栽培，體積上與中國本地品種有明顯差距。台灣小黃瓜性喜溫暖不耐寒，冬季時大都由屏東地區以溫室栽培法生產來供應全台小黃瓜市場。主材料可以白菜或是蓮藕片替代作為變化。

## 主輔料與調味料

| | |
|---|---|
| 小黃瓜 300 克 | 老薑 2.5 小匙 |
| 白醋 30 克 | 白砂糖 1 大匙 |
| 乾辣椒 6 克 | 清水 0.5 飯碗（約 120g） |
| 鹽 0.5 小匙 | 香油 適量 |

## 做法

1. 將所有材料備齊。老薑先去皮、切絲。
2. 小黃瓜切去略微發苦的頭和尾，至少長 2 公分。將小黃瓜切成 5 公分長，再縱切 1/4 小條。
3. 乾辣椒去籽並切絲。
4. 取一容器，放入小黃瓜，撒入鹽攪拌均勻，醃漬 20 分鐘後瀝乾水份備用。
5. 再醃漬小黃瓜期間，製作滋汁。鍋子上爐，加入清水、老薑絲、白砂糖，以小火將糖熬至融化。
6. 放入乾辣椒絲繼續熬煮 15 分鐘，待略微收汁有乾辣椒味，放入香油熄火放涼。
7. 待完全冷卻，加入白醋，將步驟 4 的小黃瓜與滋汁混合均勻，約浸泡 30 分鐘即可取出盛盤食用。

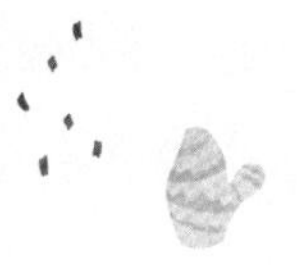

到味一點訣 

這裡需再次提醒，標題的黃瓜指的是小黃瓜，黃瓜或是青瓜為大陸慣用稱呼法。小黃瓜要選擇瓜體直徑均勻，不要終端小兩頭或是一頭碩大，這是老化跡象，通常籽多而不脆。又瓜表皮上帶有小刺是新鮮的現象，尤其是蒂頭還帶著小黃花為佳，所以小黃瓜又別稱為花瓜。若太過平滑或是小刺太大，則是不新鮮的現象，表示離摘取有一段時日了。

CHAPTER 2

# 記憶中的好味道

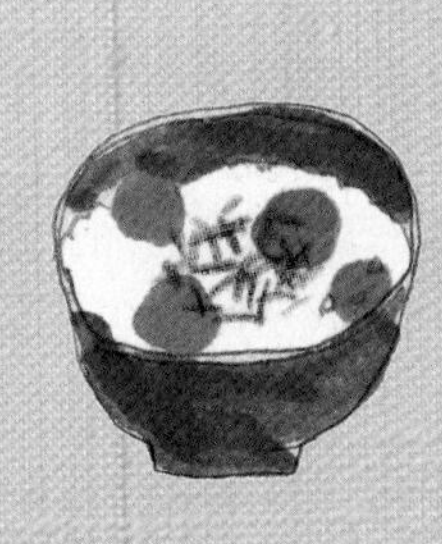

人是記憶的動物，我們的飲食也是依循這樣的方式來運作，總會有特殊的偏好或是喜好。小時候的記憶，不論是好的或壞的都會影響往後的好惡。除了家中媽媽的好味道之外，我們在外食中也多少會吃到驚為天人的菜色，努力想把它學習回來。好味道是可以累積的，這就是記憶中的好味道。

# 九轉大腸

## 甜、酸、香、辣、鹹，味味俱到

紅色紙條用墨汁寫著各類菜名，並以扇子狀排列在牆上，「那……下水湯？媽媽下水湯是什麼？」小腦袋瓜不解的問著身旁的媽媽，小孩子大概是小學二年級，然而這位年輕媽媽沒有回應，大概是被好奇的孩子問到不耐煩也說不定。年輕媽媽向麵攤店家吩咐後，找了接近牆面的位子坐了下來，孩子亦步亦趨地跟上。才一坐下，孩子仍然不死心繼續追問：「媽媽，什麼是下水湯？」年輕媽媽撥弄著手錶依然沉默沒有應答。片刻後一碗熱呼呼的湯麵端了過來，看似一碗雜菜麵，就是常見的台式什錦湯麵。雞湯頭帶著些許油光；雞油在高溫烹煮下乳化為迷人的奶湯色澤；什錦料有肉絲、豬肝、魷魚、蝦子，點綴兩三葉小白菜。小孩子看到蝦子，直嚷著：「我要吃蝦子！我要吃蝦子！」手指著蝦子，示意要媽媽剝殼才要吃，媽媽把蝦子剝成蝦仁後遞了過去，孩子吃了蝦仁後，開心而滿足。母子倆共吃著一碗麵，這時店家又捧著一碗湯走了過來，居然是碗下水湯，顯然媽媽了解這個小孩子，不叫碗下水湯讓他瞅瞅不會善罷甘休，說不定哪一天又不厭其煩的追問什麼是下水湯？孩子好奇的往碗裡瞧，母親不等小孩子發問就向他說：「這就是下水湯，吃吃看！」孩子看到下水湯裡有黑黑的東西而顯得有點遲疑，把臉撇開，搖了搖頭。「這個很好吃，吃吃看！」媽媽夾起半個雞心切片勸誘著。孩子試著嘗了一口，嚼了幾下就直接吐了出來，說：「有怪味道！」其實孩子說的是動物的臟味，媽媽嘴角露出一絲笑意，計策顯然很成功，看樣子下水湯這三個字好一陣子不會再出現了！以上的計策對我來說毫無效用，自小就愛吃內臟，想了一下，不愛吃的東西還真不多。過往的日子裡人們購買肉類比今日輕鬆許多，現代人只要錢財一多就開

始怕東怕西，深怕「人在天堂，錢在銀行。」就像諸多女性同胞怕吃肥豬肉，看到肥豬肉就好像看到洪水猛獸一般，可是這樣的邏輯用在豬內臟上就不是那麼管用了，豬肚、腰子、大腸始終長期熱銷。殊不知動物內臟膽固醇多半偏高，也就是說，可吃，但切勿過量，現代人大多不愛運動，膽固醇的問題更需要留意與關注。

家人也愛吃動物內臟，偶而會買豬腸、豬肝或是豬肚等，通常白煮配薑絲或是燒滷切來吃。自小，父親就愛找我上市場採購，無形之中吸收了許許多多的採購經驗，豬腸子選購的其中一個要點，就是選既大又肉厚的豬雜，有這樣條件的多數是大隻豬體以及成熟的豬，雖然油脂會比較多，不過由於圈養時間長，其滋味自然是豐腴肥厚，絕非小豬滋味可以比擬。家裡的豬大腸吃法多是水煮。白水煮佐薑絲最能吃出下水的真滋味，但偶而也會先把豬大腸串套成三層，再拿去水煮，煮到適度軟爛，接着拿去滷煮，等煮到入味，再炸至外皮略微酥香後切段盛盤。這道是我家號稱的九轉大腸，由於做法有點繁瑣，所以也是偶而才能嘗到。直到在濟南吃過地道的九轉大腸之後，才知道濟南發源地的九轉大腸原來是這般模樣及如此味道，著實讓我有了井底之蛙的迷惘，不論是取材或味道與我家烹製的截然不同。

九轉大腸於清朝光緒年間，由濟南九華酒樓首創，名為「紅燒大腸」，許多名人雅士食後，感到此菜與眾不同，別有滋味，因而稱讚廚師製作此菜就像道家「九煉金丹」一般精工細作，所以將其更名為九轉大腸。這道菜除了色澤紅潤，其滋味有砂糖的「甜」、醋的「酸」、肉桂與砂仁的「香」、白胡椒的「辣」以及醬油的「鹹」，即為甜、酸、香、辣、鹹味味俱到，著實風味特殊，是沒吃過難以想象的奇妙滋味。在山東濟南春江飯店也吃過九轉大腸，初嘗有特殊香味，問了那黨國元老級的服務員，才知道是他家裡的九轉大腸，除甜、酸、香、辣、鹹味，還有些微苦味，當中的苦味是因為加重砂仁比例。選用大腸頭特殊的臟味，質厚味濃，軟中帶Q，連懼怕吃下肥油的小姐們都要破例大快朵頤，一口接著一口，別說沒先警告你，只怕吃乾抹淨之後才說大腸誤我啊！

## 主輔料與調味料

熟大腸頭 600 克
醬油 2 小匙
醋 3.5 小匙
鹽 3 小匙
紹興酒 2 小匙
白砂糖 10 小匙
高湯 1.3 杯
香菜末 7 小匙
蔥花 4 小匙
薑末 2.5 小匙
蒜末 2 小匙
白胡椒粉 1/4 小匙
植物油 5 大匙
花椒油 3 小匙
(或花椒粉 2 小匙)
肉桂粉以及砂仁少許
(依喜好)

## 作法

1. 取熟豬大腸頭，盡量取大腸直徑等粗的部分，切段，其長度與直徑盡量接近。
2. 將蔥、薑、蒜、香菜切末備用。
3. 鍋上灶燒熱，下植物油、白砂糖。
4. 以小火來製作糖色，炒至略微冒泡，下醬油與切好的熟豬大腸頭段一同拌炒均勻。
5. 將拌炒好的熟豬大腸頭推至一旁，加入蔥、薑、蒜末，略微炒香。
6. 倒入白醋、高湯、鹽、紹興酒，用微火慢燒。
7. 當湯汁收的將盡，放入白胡椒粉、肉桂粉以及砂仁粉，嚐一下鹹淡，再略微調整。
8. 最後淋上花椒油，盛盤，撒上香菜末。

### 到味一點訣

1. 大腸頭是本菜的首選食材，一般大腸也可，只是口感略為遜色一些。
2. 雖然處理大腸是件不困難的事情，不過多數人都不喜歡自己動手，索性都買現成處理好的。但是對於挑剔的人來說，這類的內臟處理還是喜歡自己動手，這樣處理得乾不乾淨只有自己知道。

# 雪菜炒年糕

## 菩薩也會動心的米食

色白如玉，沒有固定形狀，白米做成的，它可以是甜食，也可以是鹹食，既可當主食，也可以當點心，到底是什麼食物可以這麼神通廣大？它們是一個米食家族，依照製法、不同的用料比例、含水量以及鹹甜食的配搭，有很多不同的名字來稱呼他們。

年糕、麻糍、元宵、發糕、湯圓、湯糰、寧波年糕都是大家較為熟悉的米食。對台灣地區而言，條頭糕、青糰、煎堆、驢打滾是比較特殊的米食種類，以上都是白米磨粉製做而成。這類的米製品成分，有單一原料，也有複合原料。常常聽一些人說，這是純米做成的，不添加其他澱粉，但是純不一定好，有混合的也未必代表質劣，重要的是要適材適用，依照必要調整比例。

以坊間魚丸來當例子，多數魚丸都有添加澱粉，理由為何？因為純的魚漿，煮熟後的口感是軟棉的，如果要讓它軟Q，不添加澱粉不可能辦得到。再舉例菜頭糕，純再來米與菜頭絲混和在一起，如果不添加其他澱粉，口感也是稍偏軟爛，無法滿足多數人要求的彈牙口感。所以，人們對於食物用料的純正，多數持感性訴求，而對於食物口感風味的要求，則是理性要求。好吃與否，魚與熊掌不可兼得。

寧波年糕以粳米製作而成。多數台灣蓬萊米屬於粳米，價格平實，口感軟糯彈牙，所以沒有利益考量不需要混充。寧波年糕的韌性比糯米類年糕強，無論是煎、煮、炒或烤，都有不同的滋味。雖然寧波年糕是中國寧波的特產，但是第一次吃到雪菜年糕卻是在上海，使用上海松江晚稻製作，吃起來既軟且滑又可口，有點黏又不太黏，更不會黏牙。炒年糕的做法很多，如糖年糕、臘肉年糕等。以前常吃父親炒的寧波什錦年糕，陸海空食材都有，現在想吃也吃不到了。

雪菜炒年糕是上海菜中頗具特色的一道菜，材料雖簡單平常，味道卻非常豐富鮮美。雪菜與竹筍是絕妙組合，它可以當作菜餚，也可以作為主食，平常家裡準備好真空包裝的寧波年糕，可以應付突如其來的食客，製作簡便又美味好吃。有句諺語：「薺菜肉絲炒年糕，灶君菩薩伸手撈」，台灣雖然不易取得薺菜，也可以滋味鮮美的雪菜替代，即使用雪菜炒年糕，菩薩也會動心。

## 主輔料與調味料

| 材料 | 調味料 |
|---|---|
| 寧波年糕 250 克 | 地瓜粉 1 小匙 |
| 雪裡紅 100 克 | 清水 2 小匙 |
| 豬肉 150 克 | 鹽 1/8 小匙 |
| 熟竹筍 50 克 | 紹興酒 1 小匙 |
| | 高湯 1/2 杯 |
| | 豬油（或植物油）2 大匙 |

## 做法

1. 熟竹筍洗淨、切絲。雪裡紅洗淨、切碎。
2. 寧波年糕縱向切片。豬肉切絲，加鹽、紹興酒 1/2 小匙、地瓜粉、清水，攪拌均勻。
3. 熱鍋，加豬油 2 大匙，加入豬肉絲拌炒。
4. 豬肉絲將熟之際，再加入紹興酒 1/2 小匙。
5. 再加入雪裡紅碎、熟竹筍絲炒出香味。
6. 最後加入寧波年糕炒勻。加入高湯，略微拌炒收汁，嘗一下味道決定是否再調整味道。

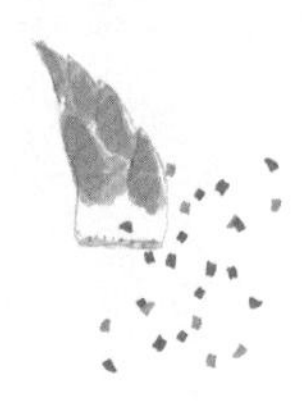

### 到味一點訣

1. 若是買真空包裝的寧波年糕，需放入溫水中泡軟。
2. 加入紹興酒的時機是在肉類全熟之前。
3. 寧波年糕要炒透，年糕體才能入味。

# 孜然炒羊肉

## 最搭烙饃饃

一九四九年國共內戰期間，國民黨政府失利退守台灣。一下子擠進來自中國的兩百萬殘部難民，突然之間填飽肚子成了當務之急，當時靠美國援助小麥麵粉來解決糧食問題，四年級和五年級前段班以前的同學，對於印著中美友好握手圖案的麵粉袋應該不陌生。

到底是什麼讓我愛上麵食？孩童時期的唯一麵食記憶，就是在大飯店廚房裡與叔伯輩師傅一起吃現煮的鹹水掛麵，湯麵上撒著一撮蔥花，淋點醬油，再澆上煮麵水充當高湯，有青蒜來一根，有蒜頭來幾顆，搭著麵一起吃。

時值九月，氣溫也漸漸降了下來，算一算在徐州待了近兩個月，每日三餐不是烙饃饃、麵條、饊子，就是燒餅，但沒一日不吃烙饃饃。一開始吃不出滋味，彷彿沒飽餐似的，每次都會吃上近半斤，然而不是沒吃飽，只是缺了一種滿足感，吃了幾十個年頭白米飯的成年人，要改變多年的飲食習性不是一朝一夕就能成功。

看見路邊有一個羊肉攤子，幾張桌椅加上兩口煤爐灶就做起買賣，生意還挺火紅，四散的香氣讓人禁不住誘惑。趁著天氣漸冷，吃羊肉也是不錯的主意。一夥人安坐了下來，看見

鄰桌點了一盤炒羊肉，想想這味道一定不差，再叫幾張燒餅、烙饃饃以及羊肉湯那就更完美了。只見爐口猛火外竄，烹香撲鼻，脂香四溢，師傅顛了顛勺，不到一會功夫，桌上就多了一盤孜然炒羊肉。

忽然大夥沉寂了下來，自顧自拿了張烙饃饃，裹著才上桌還熱氣飄散的孜然炒羊肉，烙饃饃的麵粉香混著孜然的香氣以及綿羊肉的油脂香氣，口中穿梭著五味的立體感，彷彿埋伏於竹林中的武林高手，在十面埋伏之下，一前一後，或忽高忽低，又或忽隱忽現，冷不防偷襲你的味蕾，著實耐人尋味，任憑參肚鮑翅也未必如此。

孜然，對台灣人是既陌生又熟悉。陌生是因為大家從烤羊肉串得知這麼一個新名詞，熟悉是因為只要吃過咖哩的人對這個味道絕對不陌生，因為它是咖哩不可或缺的香料之一。孜然是維吾爾語音譯過來的，台灣稱它為小茴香子(cumin)，也稱安息茴香，大多出產於中亞，南美洲也有。孜然與牛、羊肉是絕配，尤其是羊肉，是維吾爾回族最喜愛的香料之一。

「天際灰蒙塵，蕭瑟北風至，孜然炙羔羊，捲上烙饃饃，豪氣咬滿嘴，來口羊雜湯。」這種滋味至今仍忘不了。古人飲食養生多與四季相互調和，羊肉性溫，所以吃羊肉在秋分後最為適宜，春分後不適宜。昨天剛好是春分，是最佳賞味期，來張烙饃饃裹孜然炒羊肉，甚好！

## 主輔料與調味料

| 主料 | 醃肉料 |
|---|---|
| 羊肉片 300 克 | 白砂糖 1/4 小匙 |
| 蛋清 1 顆 | 鹽 1/4 小匙 |
| 蔥花 3 大匙 | 紹興酒 1 小匙 |
| 薑末 1 大匙 | 醬油 1 小匙 |
| | 孜然粉 1/4 小匙（可略） |
| | 孜然籽 1 小匙 |
| | 辣椒粉 1 小匙 |
| | 植物油 4 大匙 |
| | 地瓜粉 1 大匙 |
| | 水 3 小匙 |

## 做法

1. 羊肉片加入鹽，攪拌均勻，調和適當的鹹味。
2. 加入蛋清、2/3 份蔥花、2/3 份薑末。
3. 加入紹興酒。
4. 再加入地瓜粉 1 大匙、水 3 小匙，同樣略拌勻。醃漬約 15 分鐘。
5. 燒鍋，倒入植物油，放入羊肉片，滑散。如果油脂不夠容易巴鍋，需邊炒邊剷掉巴在鍋底的地瓜粉。
6. 待羊肉片變色，放入辣椒粉 1 小匙與孜然粉 1 小匙。
7. 加入剩餘薑末及醬油、鹽、白砂糖，炒出香味後加入孜然籽、1/3 蔥花拌勻，即可盛盤。

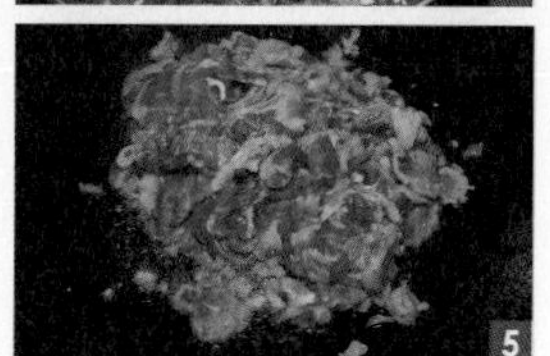


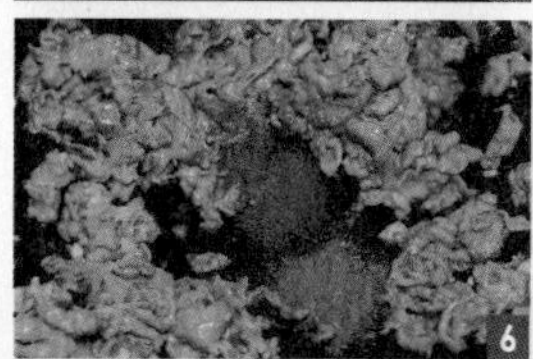

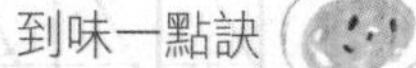

到味一點訣 

1. 肉片略泡清水可以去血水，再濾乾備用，這樣做可以讓羊肉較不會黝黑。
2. 喜香菜者，也可搭配食用。

# 西庄咖哩雞

## 又濃又香的港式咖哩風味

一般人認為咖哩類的料理是源自於印度次大陸，甚至還有部分人以為是源自日本，答案雖然不同，但是喜好卻頗為一致。台灣早期的咖哩有兩類，一類是南洋風味，是日本人傳來的，或許是日治時期在台灣的日本人想念家鄉的味道，所以將咖哩帶進台灣。另一類是和風風味，日本人吃咖哩的習慣是源自於橫須賀的日本海軍，他們承襲於英國海軍，直到後期為了要符合日本人吃米飯的習慣，才發展成為今日的和風咖哩。

番禺城位於珠江三角洲，自漢代起便是世界上數一數二的商業大都會，商業蓬勃、經濟發達，而番禺城是廣州市的古名。廣州市猶如現今的上海，想像你正走在城西的蕃坊，這是外國商人的聚居區，路上行人如織，有白人、阿拉伯人、印度人以及來自世界各地的商人，他們在此地買賣茶葉、絲綢或瓷器。由於商業的交流讓外國人駐留此地，日子一久難免影響到當地的飲食，因此咖哩文化也逐漸形成。

仔細觀察可以發現，咖哩味型早已經深深融入粵菜，成為建構粵菜體系的一小部分。一八五一年開始，太平天國戰爭紛亂，使得大量廣東商人湧入香港，其中以廣東人為主，因此飲食習慣以粵菜為依歸。香港長期在英國統治下，一部分飲食習慣承襲英國。由於英國人曾經統治印度，所以除了印度以外，英國是食用咖哩的世界第二大族群。香港的咖哩文化與日本的咖哩文化如同孿生兄弟一般，看似相同，其實有許多不同點。

日本咖哩純濃，而香港咖哩是濃香。日本咖哩除了含有香料以外，主要是以乳製品以及濃縮果泥來增添風味。反觀香港咖哩偏向南印度風味，主要以香料為主，主要以椰奶來增香，所以咖哩表面會有一層浮油，這層浮油是咖哩的精華，千萬不要當做糟粕丟棄。

香料從來不是中菜的重要元素，但是我確喜歡玩中、西方的各類香料。我的廚房一角放滿著各式香料，有東南亞，有中式的，有西洋的，其中咖哩佔有很大的一部分。西庄咖哩雞的配方是拿台式香腸從老廣那裡換來的。所謂西庄，指的是無頭無腳的白毛肉雞，價格低廉。以前沒有吃過西庄咖哩雞，好壞無從得知，但是嘗過之後頗為滿意，具有印度咖哩與中式料理的特色，搭配烙餅或饢餅最佳。大力倡導「中學為體，西學為用」的張之洞，如果吃到西庄咖哩，說不定也會大力稱讚。

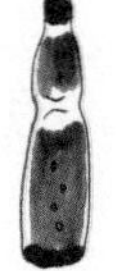
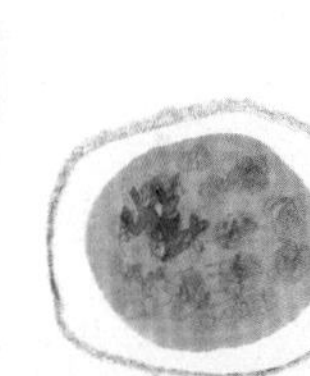

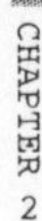



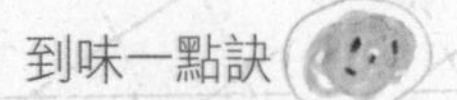

到味一點訣 

1. 判斷馬鈴薯的熟度，以筷子能插入馬鈴薯，慢慢提起不會立即掉回鍋中為準。假如不會掉落，代表還沒熟透，若無法與筷子同時提起，表示煮的太過頭了。
2. 多數香料是油溶性，因此製作咖哩時，油絕對不能省，省了油，香味出不來，這樣就失去吃咖哩的意義。
3. 一般來說，咖哩要熬至油脂回滲，表示香料經過油的煉製，香味才會釋放出來，這是判斷咖哩是否完成的至要關鍵。

## 主輔料與調味料

雞肉 600 克
油咖哩 3 大匙
馬鈴薯 2 顆
洋蔥 1 顆
牛奶 1 杯
椰奶 3 大匙
白砂糖 2 ～ 4 小匙
（依喜好增減）
奶油 4 大匙
醬油 2 小匙
紹興酒 2 小匙
青辣椒 4 枝
鹽 適量
上湯 1.5 杯
（可用雞粉加水替代）
豬油 4 杯
（或油面以能蓋過雞肉塊為準）
麵粉 2 大匙

## 做法

1. 馬鈴薯放入水中煮，以筷子能插入馬鈴薯中心，並且慢慢提起不會立即掉回鍋中表示已熟。（提起約 2～3 秒後，還是會掉下）放涼，並切成 3 公分×3 公分×3 公分大小。
2. 洋蔥切成小塊。
3. 青辣椒剖開兩半，去籽，再切成小塊。
4. 雞肉切成 4 公分 x4 公分大小。炒鍋上灶，大火燒豬油，等豬油略微冒煙，放入雞肉，炸約 1 分鐘撈起，這時雞肉大約六分熟。
5. 鍋底約留 4 大匙豬油，放入麵粉，略炒成淡褐色。
6. 放入洋蔥，用中火炒到軟，這時洋蔥略呈半透明狀，邊角有一點點微焦。
7. 放入青辣椒，暫時開大火，炒半分鐘，再轉中火煬到略成黃綠色。
8. 放入油咖哩，再用中火炒化。
9. 加入步驟 4 的雞肉、馬鈴薯塊、紹興酒、白砂糖、醬油、上湯、牛奶、鹽。
10. 小火慢燉 15 分鐘以上，慢慢收汁（時常攪拌，防止鍋底燒焦）。
11. 待表面有油脂出來，表示初步完成收汁。
12. 淋入椰奶。
13. 放入奶油，再煮 5 分鐘便完成。若條件許可，淋椰奶、奶油後，可以放入烤箱烤 10 分鐘。

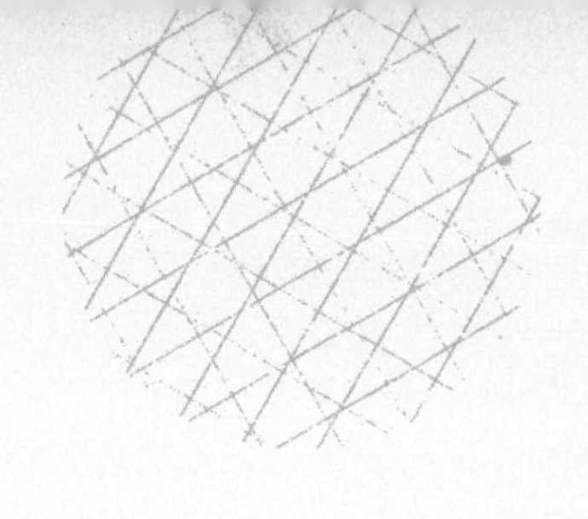



# 烙饃饃

## 徐州人的白米飯

太陽才剛下山，街頭五顏六色的廣告街燈紛紛點亮了起來，照的街頭五彩繽紛。眼光搜尋著熟悉的人影，他就在正前方。我穿過街道走過去與趙狗子寒暄幾句：「怎麼今天到這角落賣呢？是要賣給誰啊？」趙狗子說：「沒法子，今兒個城管趕得兇。」趙狗子是烙饃饃的攤商，靠著一台單車叫賣，單車後座擱了一竹簍用厚棉布裹得密不透風的烙饃饃，是剛烙好略微溫熱的烙饃饃。

在徐州吃烙饃饃就如同台灣人吃白米飯一樣平常。江蘇北端的徐州，除了吃白米飯之外，烙饃饃也是極為普遍且重要的主食。吃法就如同白米飯，剝成小片吃，或裹著菜吃，除此之外還可以裹饊子（饊子是細麵條裹成柱狀後，再下油鍋炸酥），或是裹白砂糖，直接當甜點吃。最為特殊的吃法就是做成菜盒子，是將兩張烙饃饃放在有油的平鍋上，中間鋪上各種蔬菜如韭菜，加雞蛋或鹽等各種調味料，以小火慢烙，製作簡單，方便食用，經典的項目是韭菜盒子。

走在小區街道，經常看見三兩婦人圍著一個烏漆嘛黑的鏊子，鏊子裡正烤着烙饃饃（鏊念澳，是一種圓型鐵板炊具，板面中間略高於四周，形似龜背，邊緣有四個立腳，所以鏊原本字意是海龜），鏊子下面可以放置柴火或瓦斯爐。兩人擀麵皮，一人烤饃，動作流暢轉眼間烤成烙饃饃，並且將一片片烙饃饃交疊在小竹簍裡，像極了蒸麵糰。

我手裏拎著一袋三斤重的烙饃饃，站在熟食餐館前想，昨天吃醬牛肉與紅油耳絲，這餐何不買油淋雞，再加個饞嘴兔肉？想著住屋處裡還有幾位壯漢正嗷嗷待哺，我加快腳步走回去。突然後方遠處傳來腳踏車的踩踏聲，聲音愈來愈近，有人對我喊了一聲，回頭一看原來是趙狗子。我說：「買賣作完了？」趙狗子說：「還有一批，再擺一會兒。」我開玩笑說：「這麼賣力，缺錢啊！」趙狗子突然大聲回說：「沒法子，孩子小還等著錢花呢！」

一進門，一群餓鬼搶了過來，拿小菜的拿小菜，拿烙饃饃的拿烙饃饃，老早擺著啤酒等我回來。拿趙狗子對照這群餓鬼，心想，原來男人與男孩的差別不在於個子也不在於年紀，而在於責任。面對這些男孩子，我只好以笑相對。「喂！喂！別急著吃，我還沒動過勒！」

## 主輔料與調味料

中筋麵粉 3 杯
冷水 1 又 1/3 杯

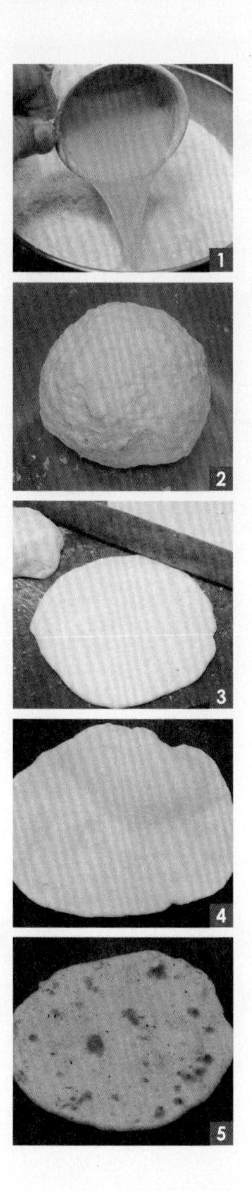

## 做法

1. 中筋麵粉 3 杯，加入冷水 1 杯，留 1/3 冷水視黏度添加。
2. 揉到麵糰光滑。醒麵約 20 分鐘。
3. 分成四～五等分，也可依喜好決定大小。傳統烙饃饃直徑 30 公分以內。以擀麵棍擀成圓片，厚度約 0.1 公分以下。為防止麵皮與擀麵棍沾黏，擀時多加些麵粉。
4. 上鍋子大火慢烙，不用加油。烙時，火一定要大，否則太小的火烙出來的饃會很乾發硬。
5. 烙時，速度要快，時常移動饃一直翻面，避免某些點燒焦，幾秒鐘就可以了，烙好的成品需要保溫保存。若是手腳不快，可以改用小火或慢火烙，如印度餅（Chapati），先烙一面至略起泡，等微微冒水氣，翻面再烙。

### 到味一點訣

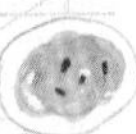

1. 麵皮製作還有另一個方式，也就是小火慢翻，以一面略微起泡後才翻面，另一面如法炮製，這是印度餅的做法，稱為 Chapati。
2. 揉到麵糰有點黏性，但是不會黏於手上，也就是做到三光，手光、盆光、麵光。
3. 麵皮要擀薄，否則太厚不會起泡，也不易熟。
4. 醒麵時間要充足，一般是以麵糰塑性好操作為準。
5. 右圖為 Chapati，烙饃饃是沒有焦點的白麵皮，起泡也少，但原料做法相同。

# 油爆腰花

## 以形補形

那一年，舅媽生下小表弟，每天吃的大多是麻油雞或麻油腰花之類的料理，小孩子的我們總會嘴饞的在一旁守候，等著吃舅媽吃不下的殘羹餘味，因此兒時吃的麻油腰花是我對內臟類食物的最早記憶。

直至青少年時期尚未關注飲食文化之前，總認為所謂「以形補形」的食療觀念，是中國古代尚未昌明的一種迷信表現。如果是真的，那吃豬腦不就成了以豬腦補人腦？當然這是在沒有足夠醫學常識下妄下斷言的結論。相反地，根據先祖千百年來與疾病戰鬥後所得的食療經驗來看，「以臟補臟」及「以類補類」雖然有些部分不科學，但是大多數仍是可信，即便用在二十一世紀的今日，依然有相當的療效與參考價值。

近幾年對於腰子內臟的料理情有獨鍾，是因為中國申辦奧運那年，我到青島參觀奧運帆船比賽，順道造訪了山東濟南、青島、泰山等地的名勝。那一日到了濟南，心想一定要造訪「春江飯店」總店，它是大眾魯菜老店，坐落於共青團路。相信即使沒吃過京魯菜的人，也可能有耳聞過九轉大腸、銀芽雞絲、鍋塌豆腐、炒木樨肉、熗腰花、糖醋鯉魚以及油爆雙脆等多樣膾炙人口的佳餚，甚至這裡所販賣的爆炒雞丁是川菜宮保雞丁的原始版本。

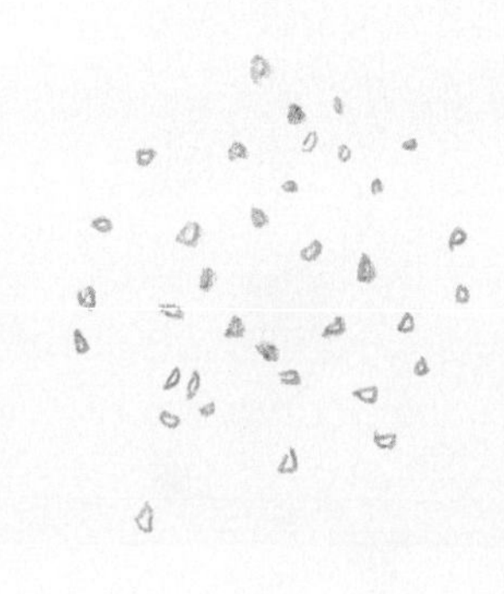

自從那次嘗過魯菜的各類爆炒菜餚之後，返回台灣的我一直對那一股鮮、香、鹹的滋味想念再三，甚至曾經四處尋覓相同的味道，不過不是吃到偷工減料的菜，就是吃到草率烹調、味道不佳的料理，看來勢必要自己動手料理才行了。從此每回逛菜市場，只要經過肉販攤前，一定會注意當天的豬腰品質是否良好，也會考量豬腰的分量是否足夠製作其他腰子料理，如軟炸腰穗、油爆腰花、油爆雙花、炸麻花腰子、爆三樣等。

其中我比較青睞油爆腰花，它的滋味鹹鮮，腰子質感脆嫩，川耳爽脆，筍片清鮮，加上紹興酒與大油交雜的迷人氣味以及若有似無的醋酸香，非常耐人尋味。油爆腰花屬於典型的搶火候菜餚，事前工作需要準備就緒，而且手腳要夠俐落，才不會火候太過而口感老柴，或火侯不夠而夾生，可說是鍛練手藝的最佳試金石。

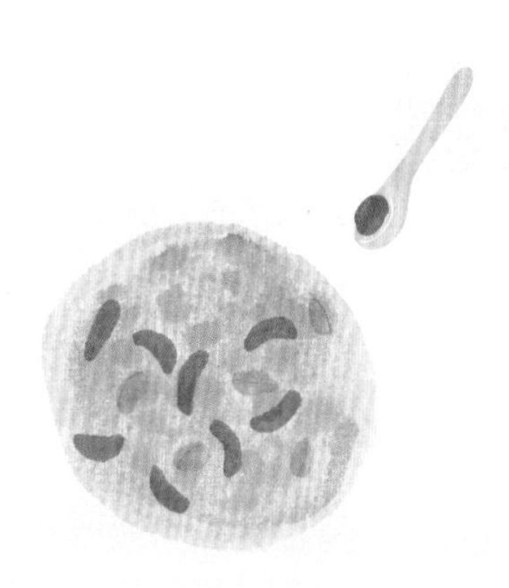

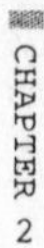

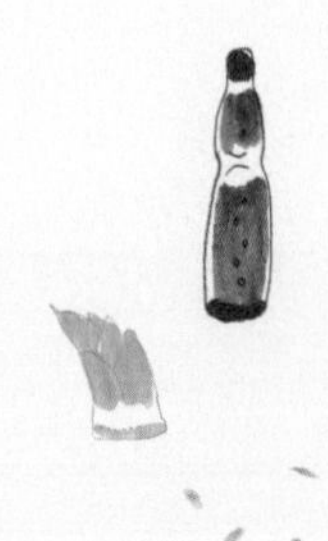

到味一點訣

1. 腰條過油速度要快，油溫不宜低。中途可以取一塊腰條以刀子切開，檢視腰條是否還夾生。
2. 成菜要求色澤棕紅、口味鹹鮮，質感脆嫩。
3. 以四川黑木耳或是東北黑木耳為最好，形小而質地脆。
4. 在炒香蔥薑蒜之後，放入黑木耳、筍片、腰條開始算起前後不要超過 1 分 10 秒以上，免得腰條炒得過老。
5. 醋不宜用的過多，成菜後以吃不太出酸味為宜。

## 主輔料與調味料

**主料**

豬腰子 200 克

**配料**

竹筍 20 克（或冬筍）

水發黑木耳 20 克

**調料**

醬油 1 小匙

紹興酒 1.5 小匙

醋 1 小匙

鹽 1/4 小匙

味精 1/4 小匙

蔥 1 株

老薑末 1.5 小匙

蒜末 1.5 小匙

高湯 2 大匙

地瓜粉 4.5 小匙

花生油（或沙拉油）2 杯（約 50 克）

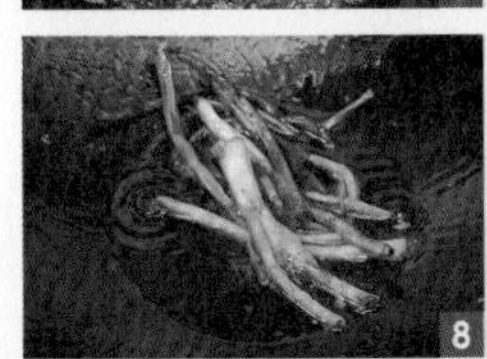


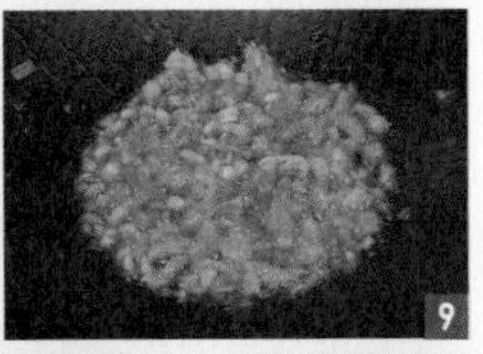

## 作法

1. 請肉販將豬腰子剖半去騷（俗稱腰臊）。
2. 蔥取蔥白、切成末。蒜剝去外皮、切成末。老薑去皮、切末。黑木耳以溫水脹發，撕成小片。竹筍切成片，以上材料分別放入配菜器皿中。烹調中，原料下勺有先後順序。
3. 豬腰子剞上「麥穗花刀」（注一），並改刀成寬條。剞刀的刀距、深淺及腰條要均勻。
4. 將高湯、醬油、紹興酒、醋、鹽、味精、地瓜粉放入碗內，調成滋汁。
5. 炒鍋置火上燒熱，倒入花生油，待油溫升至七、八成熱，放入腰條。
6. 腰條斷生即撈起，過程很快，猶豫就會過火。
7. 黑木耳片、筍片先氽燙，倒入漏勺瀝乾。
8. 取 1/4 碗油，炸蔥至略微焦香，撈起備用。
9. 炒鍋留少許底油，將蔥花、老薑末、蒜末爆香。
10. 黑木耳片、筍片倒入鍋中略炒。接著放入腰條，隨即倒入滋汁，迅速翻炒。
11. 當滋汁熟透發亮均勻包裹住原料後，淋入蔥油即成。

注一：「麥穗花刀」又稱「麥穗形花刀」。因形似麥穗而命名。麥穗花刀分為小麥穗和大麥穗，主要區別在於麥穗的長短變化。穗長稱大麥穗，短的稱小麥穗，兩者的加工方法基本相同。加工時先斜刀推劃，傾斜角度約 40 度，刀紋深度是原料厚度的 3/ 5，再轉一個角度直刀推劃，直刀劃與斜刀劃相交以 70 度至 90 度為宜，深度是原料厚度的 4/5，最後切成約 0.2 ～ 0.2 5 公分的條狀或塊狀，經過加熱後就會捲曲成麥穗形態。

# 廣式炒飯

## 香菜炒飯也可口

廣式炒飯！不會吧！也不過換個炒料罷了，搞噱頭吧！不說你或許不知道，家中煮飯常常一次煮兩至三天份量，一來省事，二來環保，重要的是還省點電費，何樂而不為？有時候發懶不想做菜，冰箱中只有隔日的米飯，此時多數人會想到蛋炒飯。

過往非制式酒席或是私宴小酌，出菜順序中不會有澱粉類的主食，比如炒麵或是炒飯，往往要等到賓主酒喝盡菜吃完之後，覺得不足才會再點麵或飯，酒店館子也會盡力滿足客人需求。然而炒麵或是炒飯既是主餐，也可以是小吃。

揚州炒飯、廣州炒飯、港式炒飯、金包銀等，只要是好吃美味的人肯定對這些名稱耳熟能詳，它們的差異不是重點，而是炒料一定要多樣豐富。常有人問我廣式炒飯與廣州炒飯有何不同？要我說他們都是胞兄胞弟，蝦仁同叉燒肉是常見組合，以揚州炒飯炒料最豪華。

會注意廣式炒飯，主要是可以解決香菜貴買貴用的問題，而且一小把香菜常常用不完，放在冰箱中慢慢變枯黃。香菜並不算是便宜的蔬菜，但有些時候不買不行，這應該是很多上市場買菜的家庭主婦主夫的共同煩惱。

廣式炒飯與港式炒飯、廣州炒飯都不同，最大不同點是大量使用香菜，而不用青蔥或其他辛香料，讓炒飯賦予了特殊的香氣。香菜一般一束最低售價為十塊錢，用於炒飯之中，大該兩至三次就可以使用完畢，看到香菜被用完，而不是硬生生地把香菜放到壞掉，心中也寬慰許多，有了如此妙法，香菜反而變成了受歡迎的蔬菜。

今日又是一個人吃飯，不想弄刀弄劏。索性拿出冰箱裡昨天吃剩的叉燒肉，再取出白飯以及兩顆雞蛋，不到十分鐘，一盤爽口宜人的廣式炒飯就出鍋了，配上自家醃製的醋嫩薑，滿口的豬油香與香菜味，好吃得難以形容。

到味一點訣 

如果喜歡吃較嫩的蛋，蛋略為炒散後隨即撈起備用。如果喜歡吃較老的炒蛋，可以與其他配料一起拌炒。

## 主輔料與調味料

白米飯 2.5 飯碗

叉燒肉 1 塊（約 6 公分 x3 公分 x3 公分，切絲或丁）

瘦豬肉 1 塊（約 60 克，切絲）

豬油 3 ～ 4 大匙（或植物油與豬油 1:1 的混合油）

香菜 1/3 束

蛋 2 ～ 3 個

醬油 1/2 小匙

老抽 1/2 小匙（無可略）

鹽 適量

高湯 3/4 杯（可用雞粉加水調勻替代）

## 做法

1. 把白米飯略弄鬆散，不要有大結塊。叉燒肉切絲或切丁。
2. 瘦豬肉切絲。
3. 香菜洗淨，去尾，切適口小段。
4. 炒鍋上爐，開猛火，下半飯碗的豬油（或植物油與豬油 1:1 的混合油）。潤鍋之後，豬油倒回油壺，炒鍋底留 3 ～ 4 湯匙的豬油（別擔心油太多）。倒入打散的雞蛋液，略微炒散。
5. 放入瘦豬肉絲，炒到變色。
6. 放入叉燒肉絲，接著放入香菜段，略炒一兩下。
7. 再放入炒好的蛋以及白米飯。
8. 白米飯拌炒 10 秒左右，倒入醬油與老抽（無可省略，純上色用）、鹽，再炒 10 秒左右。炒到飯粒略微爆跳時，倒入 1/2 高湯，再拌炒 10 秒左右。
9. 依照湯汁收乾程度，再酌量添加高湯，再炒 10 秒左右。如果感覺飯有點乾，可以加一點豬油增香增潤，略為拌炒，盛盤即成。

# 四喜丸子

## 討喜吉祥菜

除了素食者不可吃肉，試問有誰不愛吃肉？女性說大口吃肉有損淑女氣質，小孩子說肉塊太大吃不動，看樣子只剩下男性同胞才能像《水滸傳》裡的各路梁山好漢，來一斤醬肉，兩斤白乾，大口吃肉大口喝酒地痛快享受。

不喜歡大口吃肉，那吃肉丸子總行了吧！肉丸子食材的第一選擇非豬肉莫屬。豬肉是華人餐桌上的常客，而且除了回教徒之外幾乎人人皆愛。雖然牛肉、羊肉滋味好，可是味道與口感都沒有豬肉來得中庸，如羊肉有其特殊的羊膻味，喜歡的人愛到不行，怕的人退避三舍；而牛肉不耐煎、煮、炸，容易過火而老柴。諸如以上比較，尤其要經過油炸工序的肉丸子，還是使用豬肉最佳。

以南北丸子來比較，傳統上以淮陽獅子頭最為碩大，一般接近湯碗大小，其次是山東四喜丸子。不過，淮陽獅子頭隨著時代改變，不如過往巨大，尺寸上與四喜丸子更為接近，一般接近成人女子拳頭般大小。

梁實秋在《雅舍談吃》中，關於獅子頭的開篇敘述：「獅子頭，揚州名菜。大概是取其形似，而又相當大，故名。北方飯莊稱之為四喜丸子，因為一盤四個。北方作法不及揚州獅子頭遠甚。」他認為揚州獅子頭優於四喜丸子，我覺得這點有需要釐清，誰優誰劣實在很難說，首先要如何定義優劣？

梁實秋談及的揚州獅子頭是先炸後蒸，並非傳統蟹粉獅子頭的清燉法，先炸後蒸的目的就是要嫩。而四喜丸子是用燒法，如果火候得當，它的軟嫩口感會與蒸法不分軒輊。再來，揚州獅子頭的內餡花樣較多，而傳統四喜丸子的內餡只有冬筍與荸薺（亦稱馬蹄）而已，種類上來得簡單多了。如果以內餡種類多寡來斷定何者優何者劣有失公允，多不一定是好。

世人大都以加法邏輯來衡量飲食範疇，很少思索減法法則。如費工費時，手續繁複，二、三十種香料長時間熬煮等等這類的詞句，只不過是商人為了掩飾內涵的不足。諸如此類陳腔濫調，天花亂墜，煽情再煽情的形容詞，也只能蒙騙不查或是不知道的人。我喜愛食物單純的本味，也不排斥適度修飾的美食，不論是淮陽獅子頭或是山東四喜丸子，只要做得好，沒有誰優誰劣的問題。有人說所謂的品味，就是懂得割捨，除去多餘的，留下美好的。孔夫子不也曾說過「食不厭精，膾不厭細」的道理。

四喜丸子屬內陸魯菜，以鹹鮮為主。不知道你有沒有想過，為何叫做四喜？怎麼不三喜、五喜或六喜？其實四喜丸子與張九齡有關。他是唐朝詩人，有一年朝廷舉辦科考，各地學子湧至京城，張九齡也是應試者，最後中得頭榜，受到皇帝的賞識便招為駙馬。這一年剛好他的家鄉正逢水患，雙親離鄉逃難，了無音信。舉行婚禮那天，張九齡得知雙親的下落，便派人將父母接到京城，可以說是喜上加喜，吩咐廚子烹製一道吉祥菜餚來慶賀。上桌的菜餚是四個炸過並且用湯汁燒過的大肉丸。張九齡問此菜的意涵為何？廚子答：此菜為四圓。一圓，老爺金榜題名；二圓，成家完婚；三圓，做了乘龍快婿；四圓，闔家團圓。張九齡聽了大喜，頻頻稱讚有加。「四圓」不如「四喜」好聽響亮，何不喚其為四喜丸！從那次以後，民間凡是大小喜慶的宴席桌上必定有此菜。

到味一點訣 

1. 製作肉餡時可以不加澱粉，若要加，也應該適度，不然吃起來會有澱粉感。加澱粉的目的，是要增加肉丸彈性，但加過頭會適得其反。
2. 炸丸子時要將蛋粉糊裹勻，火不要太旺，油不能太熱，以免將蛋粉糊炸焦。
3. 炸丸子主要目的是增香，七成熟就好，太熟口感偏硬，太生則定型不佳，燒煮的時候容易潰散。
4. 二流芡，指的是較稀的流芡，容易流動，但還是有沾附掛汁的黏稠性。
5. 所謂上勁，是要讓肉產生黏性，科學術語是蛋白變性，產生黏性的肉吃起來較有彈性。

## 主輔料與調味料

豬肉 300 克
（瘦三肥七）

荸薺 3 顆
（約 30 克）

冬筍丁 2.5 大匙
（約 30 克）

醬油 10 小匙

高湯 2.5 飯碗

地瓜粉 8 小匙

花椒油 2 小匙

鹽 1/4 小匙

紹興酒 2 小匙

蛋清 2 個

蔥末 2 小匙

薑末 2 小匙

薑片 10 克

蔥白 3 根
（約 50 克）

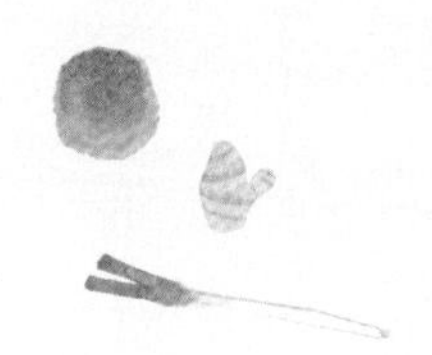

## 做法

1. 將豬肉切成 0.5 公分立方塊的肉丁備用。
2. 荸薺削皮，與冬筍都切成 0.4 公分立方的細丁，一起用沸水汆過。
3. 蔥、薑都切成細末。
4. 碗內放豬肉丁、荸薺丁、冬筍丁、蔥末、薑末、醬油 15 克、鹽巴、紹興酒，攪拌均勻，攪到上勁。
5. 用手把肉餡團成 4 個大丸子。
6. 將蛋清、鹽 1 小匙、調地瓜粉水 8 小匙、水 6 小匙放在另一碗內，調成蛋糊備用。炒鍋放中火上，加油燒至五成熱，接著將丸子逐一沾滿蛋糊。
7. 把沾滿蛋糊的肉丸放入油鍋，炸至七成熟時，用漏勺撈出。
8. 蔥白從中間剖開，並切成長段，鋪在砂鍋碗底。砂鍋內放蔥白墊底，丸子放在上面，加入高湯、剩餘醬油、薑片，放在中火上燒沸。移至微火上，燒至湯剩一半高度時，取出蔥、薑，把丸子撈至湯盤內。
9. 燉丸子的原湯倒入湯勺內，燒沸後用調水地瓜粉勾二流芡，加入紹興酒、花椒油攪勻，澆在丸子上即成。

# 乾煸四季豆

## 餐桌上的賴皮常客

小雪二十四節氣之後，北台灣多是冷雨霏霏的日子，儘管冬陽偶而會探出頭來，但是陰冷潮濕的感覺總是揮之不去。小時候總是會在這個時節向母親抱怨：「可不可以不要餐餐都吃一樣的東西？都沒有菜！」，母親則回應：「不是有炒四季豆？還說沒菜！」。其實當時我只是想要吃肉塊，不要天天吃肉末炒四季豆。之所以會這樣抱怨，是因為父親大多時候負責採買家裡的伙食，又因為職業關係習慣大量採買，可以向菜販換得較多的價格優惠，所以常常一種食物要吃上一個星期左右，再好吃的東西終究也會招架不住。台灣十二月開始，四季豆正式進入出產旺季，因此餐桌上的賴皮常客就是四季豆了。

不喜歡四季豆的人該算少數吧！中國北方俗稱棍豆，南方普遍稱為四季豆，雖然有淡旺季之分，但是溫室栽培可以一年四季都生產，所以才有這樣的稱呼。四季豆吃法繁多，涼拌、醃漬、乾煸、燉、炒、燒。在所有技法中，乾煸算是四川菜的特色，乾煸就是乾炒或少油乾炒，這種技法有「火中取寶」的說法，就是用無油或少量的油來炒乾食材多餘的水分，目的不外乎增香以及形成外酥內嫩的口感。不過，這只適用於葷食材，素食材如竹筍、四季豆、苦瓜等則採用油炸方式去除多餘的水分。

曾聽說過有人以煸炒的方式製作乾煸四季豆，心裡不免感到懷疑，經過如此折騰的四季豆還行？直到瞧見熟黃過了頭的四季豆之後，才更加確定煸炒而非乾煸的四季豆等於糟蹋食

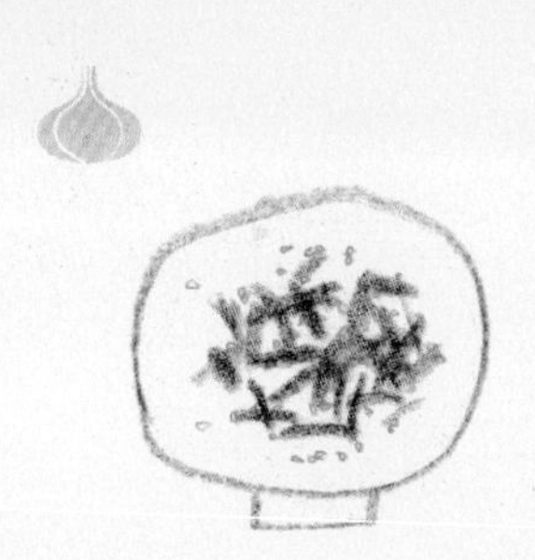



材，讓人不忍卒睹。通常一般家庭為了省錢或不方便處理炸過的油脂，才會用煸炒的方式。以專業的乾煸方式來處理蔬菜類，多是用油炸而非硬生生煸炒。乾煸菜餚要求的標準口感是酥中帶軟，乾煸四季豆則要軟中帶脆，如果把四季豆拿去煸炒的黃黃爛爛，根本達不到軟中帶脆的標準。

以乾煸做法的名川菜，第一個想到的是乾煸牛肉絲，這道菜屬於麻辣味型，起碼要有花椒及辣椒才夠格算是麻辣味型。而乾煸四季豆則屬於鹹鮮味型，是《川菜烹飪事典》中明列的分類法。也就是說某天端到你面前的乾煸四季豆，有花椒，又有豆瓣，表示做法走偏了調，因為鹹鮮味是不放花椒與辣豆瓣的，鹹鮮味主要是以鹽味與食物鮮味相互襯托，如果連味型都給改了，還算是乾煸四季豆？只能算是地區性的偏好風味，而非正宗的四川成都味型。

地道的四川乾煸四季豆最主要的輔助材料是冬菜，也有人使用宜賓芽菜。這裡說的冬菜是川冬菜，與台灣坊間可以購得的冬菜完全是兩碼子事，台灣的冬菜稱為津冬菜。這兩種冬菜最大的不同是，川冬菜採用芥菜嫩心與香料醃漬，而津冬菜則使用大白菜與蒜泥醃漬，所以也稱葷冬菜。

那麼乾煸四季豆使用川冬菜的目的為何？因為川冬菜風味醇濃且味鮮，它有一種特殊的香氣形成這道菜的主體味道，算是川菜裡面極為特殊的調味料。在台灣購買川冬菜或宜賓芽菜有困難，所以家裡的川冬菜告罄時，只好以霉乾菜取代，雖然味道與口感不盡相同，但也算是聊勝於無吧！或許你會有一個疑問，所謂乾煸就是乾炒，那麼以油炸的方式處理四季豆為何也稱為乾煸？那是因為乾煸四季豆搭配的肉末是乾煸的，與油炸的四季豆同炒之後，也有乾煸菜特有的外酥內嫩，所以乾煸四季豆與乾煸牛肉絲同樣屬於乾煸名菜。乾煸四季豆吃起來鹹、酥、香，也是一道下飯菜，有時間可以試著做，即使沒有山珍海味，一樣會大呼過癮。

## 主輔料與調味料

**材料**

四季豆 250 克
豬肉末 50 克
梅乾菜（或川冬菜）25 克
薑末 1 小匙
蒜末 3 瓣
金鉤蝦 4 隻
植物油 5 杯

**調料**

米酒 1 小匙
醬油 1 小匙
味精 少許
鹽 適量
香油 1 小匙

## 做法

1. 四季豆撕去老筋。切成 8 公分長的段，洗淨，瀝乾水分。
2. 鍋中燒熱 5 杯植物油，待植物油七分熱（約 160℃ ～ 180℃），倒入四季豆，用大火炸四季豆，炸至外皮微皺即撈出，瀝油備用。
3. 鍋中留底油 1 大匙，放入豬肉末炒散，再加入米酒、梅乾菜、金鉤蝦末、蒜末、薑末，炒至肉末乾酥。
4. 加入四季豆與其他調料，拌炒約 15 秒後，起鍋盛盤。

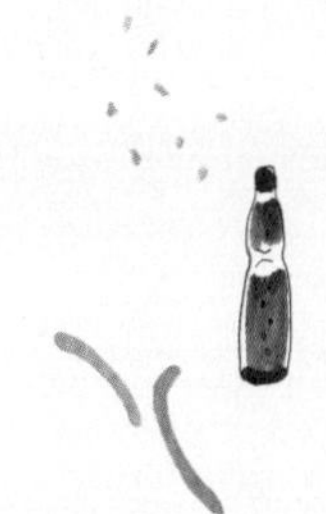

到味一點訣 

1. 油炸四季豆時要注意火侯，要經常攪拌，以免炸糊。
2. 沒有熟透的四季豆與豆漿沒有煮透一樣，會有食物中毒的顧慮，所以四季豆務必要熟透，不可生食。
3. 我會加入幾隻切細的金鉤蝦，增添鮮味。正宗的乾煸四季豆不添加薑、蒜與金鉤蝦，有人說這是上海川揚菜版的作法，我覺得頗具滋味。
4. 油炸四季豆，這點是最重要之關鍵，油一定要熱，所謂油熱為炸，油冷為泡。川菜是最重視口感，口感不對，調味再好也是枉然，倘若這步驟做砸了，這道菜也就無法成功。

# 蘇式五香薰魚

## 不用燻的薰魚

若干年前，聽過朋友說過一句話：「西洋菜色很多都可以當冷盤吃的，反觀中菜卻不太行。」當時心裡雖然抱著懷疑，但是礙於情面沒有說出來，此種說法嚴重冤枉了中菜，在中菜裡可以當冷盤或是涼菜的佳餚猶如過江之鯽，而葷菜可當冷菜的極多，素菜盤更是不在話下。

冷菜也稱涼菜，是菜品的組成之一。宴席中，涼菜與熱菜等同重要，擔負食客的開胃先鋒，為接下來的熱菜當前導，使口味漸入佳境。製作涼菜時，在口味與口感上有特殊的要求，包括鮮、香、嫩、入味以及爽口；在烹調手法上，有拌、醃、滷、糟、燻、熗、醬、凍、醋、風，還有其他製做法，完成後放涼才食用，如果要當熱菜也無不可，不過，以冷菜的形式呈現較宜。

前些年在上海待了好一陣子，閒暇之餘喜歡前往小區裡尋幽探訪，常常可以看到新與舊相互交雜的建築，如今只剩下上海市方浜中路一帶的老建築，建築後方遠處還可以看見黃浦江對岸高聳的東方明珠。位於上海市南方區域的南匯或松江的有些小區，還可以嘗到令人驚豔的盆頭菜。盆頭菜是上海人對於餐前小菜的稱呼，也就是主菜的前驅，大多是冷吃，一般常見的有油燜筍、辣椒鑲肉、雪菜筍、油豆腐燒雞、糖醋小排、薰魚、油爆蝦等。

記得第一次在上海吃這道薰魚時就覺得好奇，心想為何沒有燻味也被稱為薰魚？原來上海燻魚又稱爆魚，「爆」這個字其實說的是「炸」，是上海頗受歡迎的特色魚料理，其中「上海房大老」與「稻香村」這兩家店賣的熟食檔薰魚味道最佳。涼菜源自於蘇錫料理，它的製作方法與配料很簡便，成菜色、香、味俱美，適於直接食用。其中以青魚為上品（台灣稱青魚為「烏溜」），草魚、大頭鰱次之，因為青魚是吃小螺螄等活物長大的，肉質自然鮮美。吳地諺語：「青魚尾巴鰱魚頭」，意思是說青魚尾巴肥腴肉嫩，尾鰭黏液更有滋味，是青魚最精華的部位。

五香薰魚做法，一般先以醬油、紹酒、桂皮、茴香、砂仁等醃漬後再油炸，不過傳統作法不經醃的步驟而直接炸，再入油鍋中氽熟，加上五香粉及鹵汁滷製即成。五香薰魚呈醬紅褐色，油亮亮的，質地綿密而不硬，每一口都滲透了鮮甜的味道，佐酒最宜。

燻，通「薰」與「熏」，除了一般所熟悉的煙燻意義之外，還有「以香料塗之」的意思，所以也可以說是以五香香料塗在油炸魚塊上製作而成的魚料理。

之前有網友舉出，來自上海的藝人夏禕在《夏禕上海菜》的其中一篇《美味五香燻魚 冰吃更清爽》文章中，對於五香燻魚有另一番解釋：「講到燻魚，很多人都知道這是上海菜，但是很多人在嚐了燻魚的滋味之後，都不免懷疑，不是說是「燻」魚嗎？為什麼一點「燻」的感覺都沒有？其實燻魚在過去，真的是要經過「燻」的功夫。過去的上海人家，燻魚一做是一大份，可以吃上好些天的，為了保存，所以燻魚在燒好之後，還有一道風乾的手續，方法就是將魚放在架子上風乾，下面還用稻草來燻，這樣不但水分瀝乾得快，魚的本身也染上了一股淡淡的稻草香。不過現在的人都沒有這麼講究了，烹調燻魚時，進行到湯汁收乾的步驟後，就直接端上桌了。我到台灣以後，曾經嘗過一些用甘蔗來燻製的料理，比方說「燻鵝」，

味道就很棒，用甘蔗燻過後的鵝肉帶著焦糖的香味，也許下回可以試著製作一道用甘蔗燻過的燻魚。既然上海人燻魚一做就是一大份，所以燻魚也可以冰過後當涼菜來吃，口感非常的清爽喔！」

對於夏褘表示，五香燻魚一定要經過煙燻的說法，我抱持保留態度。這道「五香薰魚」的煙燻步驟是否有絕對的代表性有待商榷，因為上海的滬式五香燻魚是源於蘇州的蘇式薰魚，算是經典本幫菜。一九三四年，江蘇省開過一次「全省物品展覽會」，一些烹調家與老饕，從數百道菜中挑選出三十餘道做為「江蘇菜」的代表，這「蘇式薰魚」便是其中一道，它的作法根本沒有煙燻的步驟，就蘇州數家有名店家，如「稻香村」、「葉受和」、「東祿」都有販賣這道無煙燻製的五香燻魚，甚至連創業三百多年的「陸縞薦熟肉舖」也賣著這道燻魚。

唯一不同的是，「稻香村」、「葉受和」、「東祿」對於魚的選擇更為堅持，非青魚不用，而「陸縞薦熟肉舖」則採用草魚。這些百年老店素以選料嚴格、加工精細取勝，所以絕無可能因為手續麻煩而省略原本該有的步驟，這是商家能經歷百年不衰的本錢，現今的上海「老大房」以及蘇州「陸縞薦熟肉舖」仍依循古老傳統製作五香燻魚。

為了查閱青魚料理，翻了一些由古迄今的書籍，在《隨園食單》、《調鼎集》裡都可以見到頗為類似的做法，如薰青魚與青魚脯等，而其中青魚脯最類似於蘇州傳統做法，也就是現今的做法。另外在《中國烹飪百科全書》中查到一段解釋：「有些以薰製為名的菜餚，並不經過燻製，而是以先炸後烹薰汁的方式製成，有似燻製的風味。如江蘇五香燻魚，浙江紹興燻魚等。」由此可知，有燻字命名而無煙燻製程的菜餚，五香薰魚不是唯一。老話一句：「蘇（滬）式薰魚根本就不是燻出來的，而是炸的。」所以上海稱五香薰魚為五香爆魚。

## 主輔料與調味料

**材料**

草魚（或烏溜）600 克
清水 4.5 杯
（或可淹過魚肉，可以用高湯替代）
白砂糖 能調出飽和糖水的量
醬油 6～8 大匙
（或感覺到鹹味為止）
鹽 適量（不夠鹹才加）
老抽 1 小匙
（無亦可，其功能為調色，只是成品顏色較淡）
大紅袍花椒（或川椒）0.5 小匙
五香粉 1 小匙
紹興酒 2 小匙
豬油 適量

**調料**

八角 1 個
桂皮 約拇指第一段大小
香葉 1 片

## 做法

1. 將魚橫剖成約 2.5 公分的厚度，撒 1 小匙鹽，抹均勻，放 5 分鐘備用。
2. 鍋置灶上，熱豬油量高度能淹過魚片即可。炸魚不要一次全下，一次炸兩至三塊，因為魚片很容易彼此沾黏。
3. 把魚炸至表面呈金黃色即可。
4. 起一湯鍋煮沸關火，下白砂糖攪拌，直到白砂糖不能再熔化為止，這就是飽和白砂糖水。再開火，放入各種調料。
5. 再加入醬油、老抽、紹興酒，小火滾煮約 10 分鐘，熄火後放入花椒。
6. 將炸好的魚片放入步驟 5 中。
7. 再放入五香粉，約煮 10 分鐘即可食用。

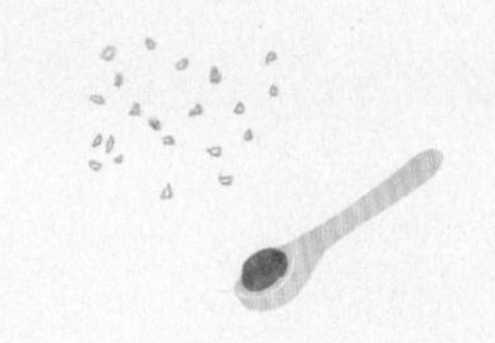

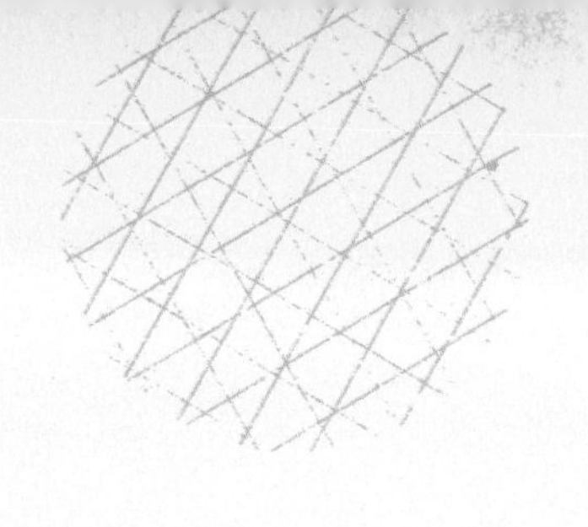

# 醋烹黃花魚

## 不能割捨的野生滋味

一次約了人到朋友開設的館子裡吃飯為他捧場，這位朋友開館子是基於興趣，也是源自家族的自信。所有人到齊之後一同入座，點了幾樣朋友的拿手菜，雖然菜品中規中矩，但是偶有驚喜獨到之處，這就是大家所謂的沒有三兩三，哪敢上梁山。

由於朋友的父親是官場人士，也交友廣闊，家裡常設宴款待同僚長官或貴客。往往一通電話吩咐家人準備宴客，全家便進入戰鬥狀態，洗菜切菜，宰雞取肉，廚房總是有一鍋常年不大熄火的高湯鍋，這般規模的廚房與嫻熟的做菜手法宛如館子，隨時都可擺上一桌上等宴席，所謂的家族自信便是源自於此。

朋友的祖籍在湖南，燒菜卻不見湖南菜的影子，他一向善於製作江浙菜。那日點了一條紅燒黃魚，一缽鮝烤肉（也就是魚乾紅燒豬五花）以及幾樣下酒小菜。桌上這些菜可圈可點，不過硬要找出缺點也不是沒有，那條紅燒黃魚的滋味就真的令人失望。問題不在於調味，也不在於手法，而是那條黃魚是人工養殖。當然人工養殖也不是主要問題，而是這條魚養的品質實在太差了，讓這道紅燒黃魚的風味不佳，我只嘗了一口便拒吃，惆悵了起來，無滋無味之外，還有飼料的怪味，朋友可以說是犯了非戰之罪。

曾經吃過野生黃魚的鮮美滋味，再回頭吃質差味寡的養殖黃魚，實在很為難。多年前野生黃魚在台灣魚市場裡幾乎消失殆盡，即便是酒樓宴席上也難以見到，可說是有行無市，縱使出得起價錢，也得靠運氣才行。

野生黃魚匱乏，取而代之的是養殖黃魚，這些黃魚大多出產於福建寧德三都澳，台灣市面上的養殖黃魚也多源自於福建。有了那次不愉快的經驗，逢人便說只要有野生黃魚就定然不用養殖黃魚，或者改採野生帕頭魚或鮸魚來替代。有一次到青島訪友，青島是繼承膠東菜福山派的大本營，心想既然到了青島，哪有入寶山卻空手而返的道理，所以品嘗膠東海鮮早已是行前的定案。不知道是不是這裡的海鮮繁多鮮美，還是烹調手法絕佳，即便是隨便一道炒軋啦（軋啦是青島人對蛤蠣的稱呼法）也是滋味非凡，最讓人魂牽夢繫的不外乎是醋烹野生黃魚。

黃魚分兩種，分大黃魚與小黃魚，黃海以南多是出產大黃魚，青島兩種皆有。自從在青島嘗過經典魯菜醋烹黃魚後算是開了眼界，原來黃魚可以烹製的如此美味。野生大黃魚吃的食物是小魚和甲殼動物，所以滋味無可挑剔，鮮嫩柔軟又濃厚純香，回台灣後總會不時地思念起大黃魚的滋味。

醋烹黃魚的烹法，是專業廚師的一種專業技法，也就是逢烹必炸。烹法是需要油炸的，也就是食材必須先經過油炸，再一邊淋入調味汁一邊顛勺燒煮，業內稱之為「抱汁」，常運用於魯菜與京菜。為了做好醋烹黃魚，我下了許多功夫，也問了擅長魯菜的師傅，這裡把做法簡單做個結論。烹法的成敗在於油炸步驟，要寬油、油熱。寬油就是不要小氣，油量需蓋過食材，油溫至少要燒熱至七成以上。接下來抱汁需要供給迅速，切勿拖泥帶水，否則調味汁收乾過頭，賣相變差不說，魚肉發硬就划不來了。

站在魚販攤前挑翻著帕頭魚，目光卻注視著旁邊一條比一條肥美的養殖黃魚，再三猶豫是否改買黃魚？會不會又再一次失望？魚販老闆看我總是站在攤位前面徘徊，正當我想斷念之際，老闆問了我一句：「要做什麼菜？」我回：「要做山東菜。」老闆又追問：「哪道菜？」心想魚販老闆怎會知道，說出來讓老闆知難而退吧！怎知老闆也是老饕，一說出醋烹黃魚，他就回：「我也有賣黃魚。」我回：「那是養殖黃魚不好吃，以前吃過，我寧可換別種野生魚種。」老闆笑道說：「以前是以前，現在對岸養殖技術進步很多，雖然比不過野生黃魚，但是沒有飼料味，滋味也鮮美多了。」最後拎了兩條養殖黃魚回家，晚上餐桌上也多了一盤醋烹黃魚，雖然滋味不比野生黃魚，但也算是一嘗宿願。

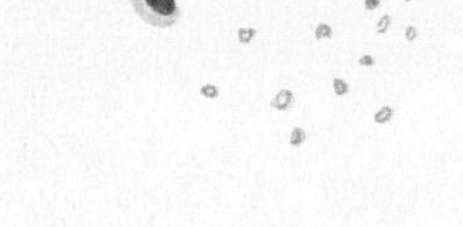

到味一點訣 

1. 烹法的成敗在於油炸步驟，要寬油、油熱。寬油就是不要小氣，油量需蓋過食材，油溫至少要燒熱至七成以上。
2. 抱汁需要供給迅速，切勿拖泥帶水，否則調味汁收乾過頭，賣相變差不說，魚肉發硬就划不來了。
3. 炸魚要呈現蓬鬆姿態，下魚時不要將魚平放煎炸，先握住魚尾，讓魚來回拖動，使熱油充分流過魚身慢慢定型。
4. 炸黃魚時小心油燙，需小心操作，沒有把握，寧可放棄。
5. 倒入白醋時，最好與調味汁分開倒入，這樣味道才會明顯有特色。
6. 倒入調味汁時，時間最好不要超過 20 秒。
7. 風味特點：外焦裏嫩，酸鹹適口。

## 主輔料與調味料

**主料**

黃魚 1 條（約 500 克）

蔥末、薑末、蒜末 共 2 小匙

花生油（或沙拉油）7 杯

麵粉 6 大匙

**調料**

醬油 4 小匙

白醋 10 小匙

鹽 1/4 小匙

高湯 5 大匙

紹興酒 4 小匙

味精 1/4 小匙

## 做法

1. 將黃魚去鱗、去鰓，用一雙筷子從嘴中攪出魚腸子，洗淨。
2. 在黃魚身上每隔 2 公分切一斜刀，然後加醬油 1 小匙、紹興酒 1 小匙、鹽 1/4 小匙，醃至入味。
3. 取小碗一個，放入高湯、醬油、紹興酒、味精，調成調味汁備用。
4. 蔥、薑、蒜切成末。
5. 將黃魚抹上一層麵粉（要抹勻，使刀口張開）。
6. 炒鍋內放入花生油，燒至八成熟時，放入抹上麵粉的黃魚，用中火炸至金黃色。
7. 以筷子刺入魚肉最厚處判別魚肉熟了沒，若沾有魚肉碎屑，則代表還沒有熟。
8. 鍋內留花生油少許，放入蔥末、薑末、蒜末，炒出香味。
9. 倒入白醋以及調味汁，快速顛翻大勺，將黃魚滑入盤內即成。

# 鹹肉菜飯

## 飯裡的青菜香

去年立冬之際，想起在上海南郊吃過的霜打菜。霜打菜是指經過降霜後的冬季蔬菜，經過降霜後，吃起來較甜，常見的有大葉青江菜，上海人稱青菜、上海青或是百合頭，而老上海人稱矮腳菜。經歷過冷天打霜後，植物本能要保護自己，避免結冰而破壞了細胞壁，因此青菜內部在澱粉酵素的作用下變成了醣類，味道鮮甜，甚是好吃，大多拿來煮雞湯或做鹹肉菜飯。

大部分人以為鹹肉菜飯為上海的特色飲食，然而蘇州人吃鹹肉菜飯根本就是古老傳統，如同端午節一定要吃粽子一般，即使鹹肉菜飯沒有載入蘇州名食，可是蘇州人卻以詩讚譽：「鹹肉菜飯香又醇，難得姑蘇美味真，年年盼得霜打菜，好與新米作奇珍。」顯然霜打菜可遇不可求，也顯見蘇州人對故鄉鹹肉菜飯的推崇。想要吃菜飯當然要有青江菜與鹹肉，家裡鹹肉剛好缺貨，無奈嘴饞便到市場買塊家鄉肉。到了南北貨上店，問了問老闆價錢，小小一塊肉要價二百元台幣，實在有點貴。回到家進了門，手上多了一塊鹹肉，誰叫我饞蟲又上身！浙江生產的鹹肉稱家鄉南肉，簡稱家鄉肉或南肉，而在蘇北產的鹹肉稱北肉，台灣市售的鹹肉則多屬於南肉。現在對岸二十出頭的年輕人大部分已不知這些說法，只識得鹹肉二字，至於台灣也不在話下了。天氣漸漸涼爽起來，醃製家鄉肉的念頭也油然而生。不論是在台灣還是在上海，最喜歡去的地方不是市場就是書街，台灣有重慶南路書街，上海的福州路有最大的上海書城，這些都是我最常去的地方。往往看書看累了，才驚覺已過用餐時間，要趕回住處，搭地鐵少說也要

一個半小時，只怕還沒到家就前胸貼後背大腸顧小腸了。想著雲南路上的大宴小酌餐館不虞匱乏，何況還有歷史悠久的上海雲南路老字號美食街，據說前幾年台灣的「四海遊龍」鍋貼專賣店已進駐於此。由於當日較為閒逸，所以我由北向南轉至雲南中路，越過廣東路，轉至大境路，再走到上海老城隍廟晃盪尋覓，經過福州路轉角的汕頭路路口有一家「上海舒記生煎菜飯」，這裡賣的生煎菜飯其實有點油膩，也沒有鹹肉，但價格實惠而且現場炒製，重點是菜飯免費續碗，是偉大工人階級以及窮學生的最愛。一般上海常見的市售鹹肉菜飯多是搭配黃豆（芽）骨頭湯，它是美味與實惠的經典組合，外鄉人不必然會欣賞，可是上海人卻是特別捧場。

一般來說鹹肉菜飯是以生米炒製，而非蒸煮。另外還有一個嚴重曲解，以為菜飯內的青江菜，若是見到綠黃，就認為煮的過老過黃，然而青江菜是少數可以煮到蔫黃的青菜，呈綠黃而不是爛黃。所謂的爛黃，是真的燜過頭，連纖維都燜到潰散糊爛。雖然青江菜燜的綠黃，但是吃起來口感仍然極好，有別於脆綠的口感，散發一股特殊的香氣，所以下次看到菜飯內的青江菜略微綠黃，可別誤會廚子外行而貽笑大方。菜飯的有些做法是一菜兩吃，也就是將部分青江菜和飯先後下鍋，鍋內留少部分的油，在菜飯即將完成之際，才將剩餘的青江菜加入鍋中，這樣既有了特殊的青菜香，也有了青脆口感，老嫩兼得，不失為一個好方法。

有一位朋友在上海打滾多年但遲遲未婚，朋友的女友不放心，索性也搬過去上海。她告訴我曾經在上海菜市場鬧的笑話。上海人把青江菜稱為青菜，而且青菜一詞是青江菜的專屬名稱。有一次她特別造訪位於露香園路上的露天菜市場，這個市場位於上海市黃埔區，近上海老城隍廟，那天她看見有別於一般品種的青江菜，個頭比例較為粗壯且矮短，便好奇問了菜販，這菜販婦人俐落地回答：「青菜。」她覺得有點無厘頭，就回說：「我知道她是青菜，我問的是這種青菜怎麼稱呼？」菜販婦人不耐煩地又回答：「小姑娘，這菜就叫青菜！」這則案例應該可以做為入境先問俗的好教材吧！

## 主輔料與調味料

蓬萊米 300 克
（約量米杯 2 杯）

鹹肉 90 克
（體積約 5 公分 x 4 公分 x 3 公分）

青江菜 150 克
(約 5～6 棵)

豬油 3 大匙

鹽 1/4 小匙

薑末 1 小匙
（不喜歡薑味者可略）

## 做法

1. 將所有材料都備齊。將鹹肉切成 1 公分左右細條狀。
2. 將青江菜梗和葉子分開切，菜梗切短一點，葉子可以切長一點。
3. 爐上的鍋裡加點豬油，將鹹肉用中火煸炒直到肥肉部分呈透明狀；再放入薑末略炒，開大火放入青菜，略炒。青江菜略拌數秒，沾到炒鹹肉的油脂即可，取出備用。將蓬萊米洗淨後靜置 10 分鐘，內鍋水分與一般白飯煮法相同，放入炒好的鹹肉青菜按下開關。
4. 電鍋煮飯流程結束，打開蓋用飯勺翻拌均勻，並嘗一下鹹淡是否適中，覺得不夠可以略微添加鹽。

到味一點訣 

青江菜放入鍋中略炒，這步驟不是要炒熟，若炒到出水那就是過頭了。青江菜可分前後兩次下鍋，有香有脆，老嫩兼得。

# 農家小炒肉

## 解放軍的家鄉菜

這道菜並非在發源地品嘗到的，而是與朋友到徐州訪親時，在一家湖南土菜館吃到的。東道主是朋友大姊的先生，這姊夫是一位雄糾糾氣昂昂的解放軍人，更巧的是與毛澤東一樣是地道的湖南湘潭人，會挑湘菜館也實屬意料之中。用餐前朋友還慎重其事的囑咐我，切莫論及政治，尤其是國共立場等相關敏感話題，深怕一言不和，從腰間掏出九二式手槍，當場把我給結果了也不無可能。不過我想，不過是吃頓飯，有這麼誇張嗎？桌上擺著農家小炒肉、剁椒魚頭、土匪豬肝、青椒荷包蛋、臘八豆蒸臘肉，四周瀰漫著滿滿的湘菜氣味。其中的農家小炒肉，初嘗即深得我心，吃起來口感豐富，惹味好是下飯，它可是地地道道湖南家常菜。之所以冠上「農家」二字，取其土里土氣之意，實是現代人進入工商社會後，已經遠離泥土的芳香與大自然的氣息，如今卻想念起來，藉此名來懷念那許久未曾親近的大地。菜名挺花俏，東西是貨真價實，妥妥當當。解放軍姐夫看我對於自己的家鄉菜色頗為讚賞，猶如代言人般，興致盎然地為我細細敘述說分明。青椒炒肉是農家小炒肉原本的名稱，想必是店家趕著返樸歸真的飲食熱潮，起了個直接明瞭又潮流感的菜名，如果名字取的好，客人就感興趣，連帶價格與出售量自然攀高，這是商人本色，無可厚非。所謂土菜指的是用最樸素、最原始的方法製作，食材隨手取用，最能代表某地域的民俗民風的特色菜。特色菜取名喜歡有點名堂，有點故事。說故事是為了深度包裝，最常聽到的是費工費時，入口即化，再不然就是清

宮秘方。有些業者宣稱某某滷汁採用四、五十種香料，加諸七七四十八小時慢火熬製，真不知該業者是搞廚務，抑或是煉丹士？其真偽不得而知，但可以猜測多少有誇大的成分。

農家小炒肉這類發自於民間的佳餚，實實在在地深植民間，憑藉取材容易，人人吃得起，沒有多餘矯飾或穿鑿附會來虛應故事，而是真真切切地滿足感。吃下第一口小炒肉，我那平常愛挑嘴的臭架子，著實被打的潰不成軍而一敗塗地，不爭氣的將白米飯一口一口扒入大口之中。解放軍姐夫看我如餓虎撲羊般毫不客氣地吃了起來，便笑問：你是肚子餓壞了，還是這菜好吃？我羞赧的回了一句：菜品是點的妙，東西是炒的好，過癮過癮！（最後這句被我消音）。解放軍姐夫看我這麼捧場，露出滿意的笑容。國共多年後再次交手，不料卻敗陣下來了，而且還只是一道小碟菜，慚愧慚愧。自之前一役落敗後，與解放軍解夫的話題總是落在湖南菜上，得知其家族是清朝名門旺族之後，民國後就家道中落，雖然落難，但有些無形家底還是存在的，常言道：富過三代才知吃穿，雖然小炒肉各地都有，滋味巧妙也是各有不同，不過解放軍姐夫也能如數家珍，一一為我道來。正宗湖南農家小炒肉，有幾個講究，一、扯樹辣椒；二、湘潭龍牌醬油；三、選用五花肉以及胛心肉。

扯樹辣椒，是湖南當地的辣椒，於秋分之後漸漸進入採收尾聲，這後期採收的辣椒多是個頭嬌小、嚼感爽脆、入口不衝辣，是湖南在地最佳配料。回台經過實驗後，唯有台產糯米椒可堪比擬，唯一可惜的是糯米椒無辣。至於龍牌醬油，除非託人帶回，不然無處購買，我想質優的台灣本地醬油也是可以替換使用。肉類盡其可能選購黑毛豬，因為黑毛豬滋味濃厚，不是白毛豬可以比擬的，而且要選用兩個部位的豬肉，五花肉肥肉潤口、瘦肉柔嫩，胛心肉滋味濃郁，嚼頭適中。自那次餐聚後，曾於徐州當地烹製農家小炒肉，經過解放軍姐夫嘗過並頻頻點頭表示滿意。當時面對著解放紅軍，邊吃著我剛炒好的農家小炒肉，邊想像如果當年陪都一會，蔣委員長與毛主席能夠坐下來一同品嘗小炒肉，笑談間冰釋前嫌，這場面該有多美好？

## 主輔料與調味料

五花肉 120 克
胛心肉 180 克
糯米椒 100 克（依照喜好略微增加）
朝天椒 2 根（不嗜辣者可略）
豆豉 2 小匙
蒜末 3.5 小匙
米酒 2 小匙
醬油（或蠔油）1.5 大匙（分三次使用）
豬油（或植物油混豬油）3 大匙
雞粉 3 小匙
鹽 適量
高湯 適量

## 做法

1. 將五花肉和胛心肉洗淨並分別切成薄片，放入適量鹽和 1 茶匙米酒，1/2 大匙醬油，抓勻碼味 10 分鐘。若喜好鮮味者，可加入蠔油 1.5 茶匙，但需注意，蠔油非傳統湖南菜調味料，這是廣東人慣用。
2. 把糯米椒切成馬耳朵型，熱鍋，不放油，將馬耳朵糯米椒片，煸炒至有些淡淡微焦小泡點，或是炒去三成水分，目的是藉此引出糯米椒的辣椒香，盛起備用。
3. 另起新鍋，並下豬油，熱鍋後先下五花肉煸出油分，再下胛心肉片一起煸香，下蒜末及豆豉略微炒香。
4. 接步驟 3 再加入 1/2 大匙醬油，略微兜炒。加入步驟 2 煸炒過的糯米椒與朝天椒，翻炒均勻，若太乾可加入適量高湯。
5. 試一下鹹淡，再依喜好決定是否要再放醬油或是鹽。最後放雞粉，翻炒均勻，關火盛盤。

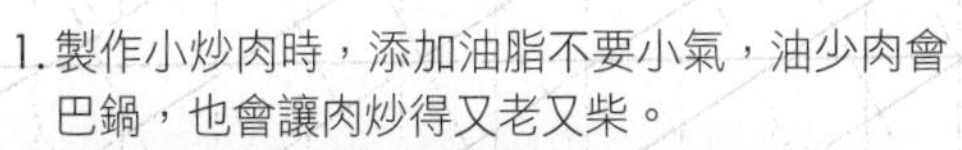

到味一點訣 

1. 製作小炒肉時，添加油脂不要小氣，油少肉會巴鍋，也會讓肉炒得又老又柴。
2. 嗜吃辣椒者，要先乾煸辣椒，這樣才會有香氣。
3. 炒製時要烹入少許高湯，因為此菜中豬油用量較多，如果全部是油，菜品會比較油 ，加入高湯後既可解膩，又可代替雞精、味精給菜品增鮮。

# 鍋塌豆腐

## 宮廷裡的燒豆腐

大陸申辦奧運那年的上海，天氣還不算特別熱，就是有點悶，我正巧去了趟中國，與朋友約在濟南，不過時日還沒到，還有幾天時間可以待在上海。

待在上海這幾天晚上與室友聚聚餐，直到前往濟南的這一天來臨了。白天大夥人都上工去了，趁著晚上出發前的空檔，自己一人搭地鐵二號線到南京西路站四處晃晃。到了這裏自然會轉去「王家沙點心店」，路程不算遠，本想去吃蟹粉兩面黃，或者小籠包也行，可是從老遠處就看見店門口來客如織，想想算了，於是買了一盒青糰。青糰它是江浙一帶清明時節常見的糯米點心，是以漿麥草汁和以糯米製成的碧綠色米食，我最喜歡糖豆沙餡，餡裏頭還包了一小塊糖豬油，既增香又滑口。蒸熟的青糰，色綠如玉，糯Q綿軟，清香宜人，甜而不膩，肥而不腴。吃到青糰可以稍稍撫慰貪吃的五臟廟，也算是達成一半的任務。

前往濟南的火車到了，上了火車後打了一個小盹，不知什麼時候坐在身邊老爹的腳擺在我的大腿上，麻的我不太自在，只好把他的腳挪開，老人家依然是八風吹不動繼續沉睡。車頂的日光燈隨著車身震動一明一暗閃爍着，車上人聲已不像先前那麼吵雜。火車剛過了南京已清晨三點多，而我正倚著背包當枕頭蜷縮睡在車地板上。

十三個小時加上穿越九百多公里大地的旅途，讓人有點兵疲馬困，一行朋友老早在火車站廣場前等我。大夥人找了家旅館，僅小憩片刻便被朋友拉了出去，說要帶我去一家有名的小館子。這家小館子的山東老廚子，當年回老家開店算是做興趣，不首重利潤，只有老妻一人充當助手。除了菜單上面的菜式，還可以詢問其他菜式。朋友是一群特愛吃的人，常常會與我分享飲食資訊，這次特別帶路到這家小館子，顯然是有十足把握，一定不讓我失望。

雖然知道魯菜的兩三菜色，不過也只限於書本上，也談不上吃過正宗地道的魯菜。拿起菜單，隨意瞄過去，發現餐館主人對豆腐菜餚似乎很有信心，光是豆腐菜餚就多達十餘道。問了廚子老妻，如果要吃有魯菜特色的豆腐菜，該點哪一樣？老婦人遲疑了一下，沒有回答我，示意要我等一下，便走入後面的廚房，一會兒年近花甲的老翁走了出來，帶著有點歲月痕跡的廚師帽，手背上還有新的燙傷痕跡，顯見是廚子本人。

「要吃點什麼？小兄弟」廚子開門見山問，最後他介紹給我的是飯館熱門菜麻婆豆腐。不過我直接回絕他，因為到了山東濟南，給別的我不愛，就要吃濟南菜，不然魯菜也行。廚子若有所思地看著我，彷彿心裡想著今天的客人不好打發。廚子又問了一句：「什麼不吃？一桌打算花多少？」大夥人商量一下，便回：「四菜一湯一百二十元人民幣」，廚子思考一下，說道：「這好辦，沒問題！」隨即轉身走進廚房。約四十分鐘後一道道菜陸續上桌了，醋溜白菜、火爆燎肉、九轉大腸、鍋塌豆腐、全家福，果然如友人所言，道道有鑊氣，盤盤有滋味，也如同書中所言，魯菜以鹹鮮味為主，而且魯菜大量使用蔥薑，不吃蔥薑的人，如果來到齊魯地方，恐怕沒有菜可吃。

大夥人吃的是有滋有味狼吞虎嚥，而我吃鍋塌豆腐這道菜時，感覺它做工精緻，味道高雅，形和味都屬於上乘之作，而且平均一道菜才二十四元人民幣。正當心中默默讚賞之際，廚子出來關照今日的菜色，問大家是否滿意，我回廚子說：「老大哥，您手藝沒話說，真了得，但怎麼賣的這麼個價？」一時廚子尚未會意，問：「怎麼了？太貴了不成？」我回答：「是太平價了，您家菜餚沒得挑，除了食器寒磣了些，不然這樣的品質只有高級宴席才找得到。」

本來是滿臉狐疑的廚子，這回可真樂得笑不攏嘴，向我們說，這道鍋塌豆腐是他還在北京會館掌廚時的拿手菜式，是地地道道的宮廷菜，但是在這個小館子發揮不了，一般人會覺得燒豆腐能值幾多錢，所以只賣一般做法的鍋塌豆腐。因為看我們八成是懂吃會煮的饕客，所以就把壓箱底貨翻了出來，做給識貨的人吃也算是不白費心力。

接連幾天待在濟南的日子，只要有機會還是到廚子的館子用餐，晚上廚子下班後，邀請我們在館子後面的院子一同喝札啤（生啤酒），暢談他待在北京時的風風雨雨以及人生經歷與趣事。光喝酒不過癮，再添一隻道口燒雞下酒，大夥人在炎炎夏日喝酒吃肉，好不過癮。

以下的鍋塌豆腐做法是向廚子問來的，礙於取材不同，因此做法經過修改，但味道八九不離十，依然是好。

## 到味一點訣

1. 十元板豆腐，約可切成四塊，要求尺寸大小一致。切成八塊也可以，但是製作上比較繁瑣，難度也比較高。
2. 成菜呈金黃色，外型整齊，入口鮮、香、軟、嫩才算好。
3. 煎板豆腐第二面時，可以再倒一些蛋糊上去，增加蛋糊厚度，成品風味會更加濃郁。
4. 塌法，是蛋煎與燒法的結合，蛋煎要煎至酥黃才能加高湯塌製。
5. 塌製以中火完成，高湯不宜加太多，以低於板豆腐高度一半為宜。加太多，收汁時間過長，容易使酥蛋皮脫落。
6. 鍋塌法一般是不勾芡，大多是自來芡。自來欠是利用食材本身澱粉質以及收乾湯汁來形成濃稠感。
7. 鍋塌法可以運用的食材不止板豆腐，也可用於番茄、蔬菜、肉片、魚餅等。
8. 最後收汁至一半可以試吃濃鮮度狀況，再予以調整收汁的濃稠度。

## 主輔料與調味料

板豆腐 1/4 板
蛋 2 個
蝦 3 隻（剁成蓉）
肥豬肉 1 大匙（剁成蓉）
麵粉 1/2 飯碗
蔥末 2 小匙
薑末 2 小匙
紹興酒 1 小匙
味精 適量
鹽 1/4 小匙
地瓜粉 1 大匙
醬油 1/2 小匙
高湯 2/3 飯碗
植物油 1.5 大匙

## 做法

1. 板豆腐切成 5 公分長 ×4 公分寬（約板豆腐格子，一格子半）×1 公分厚的片狀。
2. 一顆蛋只取蛋清，加入蝦蓉、肥豬肉蓉、地瓜粉 2 小匙、紹興酒 1/2 小匙，攪拌到稠即可。盤中放一片板豆腐片當底，抹上蝦蓉豬肉餡。
3. 蓋上板豆腐上片。放籠中蒸過 15 分鐘，瀝乾水分備用。
4. 把一顆蛋與另一顆剩餘的蛋黃攪打均勻，加入紹興酒、味精、鹽、麵粉、地瓜粉，攪成糊。將步驟 3 的板豆腐，四面均勻沾過雞蛋糊，再沾乾麵粉。
5. 鍋子加少許植物油，燒至五成熱。把板豆腐放入鍋內，翻煎至淺金黃色後，先取出備用。
6. 放入蔥末、薑末略炒香。
7. 倒上用高湯、醬油、紹興酒、味精調成的醬汁，加蓋收汁。以筷子或是鍋剷小心滑入盤內即可。

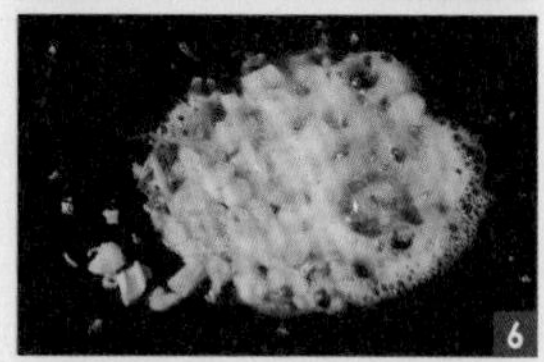

# 上海雜糧煎餅

## 天下之薄餅可廢

時值傍晚時分，遠方天際線還透著幾絲夕陽餘暉。幾天前剛過了秋分，古云：「秋分者，陰陽相半也，故晝夜均而暑寒平。」一晚上氣溫已經不像前陣子那樣酷熱難熬。如今秋季也走過一半了，一到晚上還多了點涼意。心想既然天氣不熱，何不用走的？自梅家浜路漫步往文匯路，路程不算遠，約莫八分鐘腳程就到了文匯路，想著晚餐可吃點什麼東西。附近食客用餐的早，所以大眾食堂內人潮並不那麼擁擠，可是外頭依然熙熙攘攘，三五成群似乎是要到某個地方集合。行走在校園內，學生們不是正在參與社團活動，就是要前往圖書館溫書。此時秋意漸濃涼風宜人，而我正走在上海松江大學城的校園裡，看看有什麼可以讓我飽食一餐。

瞅著前方三五男女，約莫還是稚嫩新鮮人，手持著雜糧煎餅邊走邊吃著，那傳來的香氣勾起我的食慾，再往前走，就是一攤賣雜糧煎餅的攤子。一對年輕夫妻，守著兩個口電磁鏊子，小攤旁始終維持約莫十多人的小隊伍。既然從未在晚間吃過煎餅，選期不如撞期，往旁邊挪步就站入隊伍中了。往常吃雜糧煎餅，都是早上地鐵站附近，急就章買來一套，不用桌椅，就地隨性吃了起來，一份要價二塊五角，要是年輕小女生吃這一套雜糧煎餅就可打發一餐，算是上海常見實惠的傳統速食，是學生或白領小資族的最愛。看著這店家男主人是個年輕男子，手腳挺俐落，一人看著兩鏊，不到一分鐘可以做上兩套。先舀漿，拿起竹板攤餅，如果顧客沒指定，就按標準打上一顆雞蛋，接著再攤抹雞蛋，塗上甜麵醬，撒上榨菜與香菜，擺上脆餅或油條，兩折成一板，再一切為二，這時女店主，早拿好紙袋迎上去裝袋，遞給顧客，順勢收錢。雜糧煎餅出現在上海市，距今約莫是六、七年前左右的事情了，它其實是改變自天津的街邊小食，原來稱之為煎餅果子。製作煎餅或是烙饃饃，都會使用一種稱之為鏊子的生鐵工具。鏊念澳，原是一種大海龜的稱呼，因鏊子形狀與海龜背部相似，鏊為海龜古名，故以鏊命名。

說起煎餅，就非得提到煎餅發源地山東泰安，數年前造訪山東泰安時，在露天市場就看過攤商以鏊子製作大量的煎餅。成分主要是麵粉和以糯小米、綠豆等雜糧漿，接著混入清水一同攪拌，舀一勺面漿於燒著柴火的鏊子上，再以竹板於鏊面上迅速來回攤它數回，數秒後，再翻面烙過，趁煎餅還熱著，尚未完全乾燥硬化之前，把煎餅兩折成一疊，一張色如鵝黃的煎餅就完成了。泰安煎餅一般無內餡，過往物資缺乏，山東大漢大多夾入丘章大蔥就可以吃上好幾套，還可塗上甜麵醬，風味別具。吃慣大甜鹹重滋味的我，初嘗煎餅沒滋沒味，雖不至於討厭，但就是不愛，因煎餅表面紋理似廚房紙巾，索性取個別名為紙巾餅。但同行的朋友對於紙巾餅卻挺喜愛的，說其富饒滋味，就在離開泰安之前，還特地買了兩斤回蘇州當伴手禮，可是我卻興致索然，所以雙手空空，樂得清閒。火車南行終點站是寧波，一過黃河，一行人開始喝酒的喝酒，吃肉乾的吃肉乾，這時有人嚷著該吃麵食填填五臟廟，說時遲那時快，朋友大方地將那包泰安煎餅提了出來，給大家互相分食，我也嘗了一方。說也奇怪，這泰安煎餅愈吃愈有味，細細咀嚼還真的吃出另一番滋味。這可大不妙，怎知吃出癮頭來，雙手空空是既後悔又不甘，只好悶不作聲若無其事的又取了一方解解癮頭。清朝袁枚在《隨園食單》中提及：「山東孔藩台家制薄餅，薄如蟬翼，大若茶盤，柔嫩絕倫。」又「吃孔方伯薄餅，而天下之薄餅可廢。」袁枚所說的薄餅就是山東煎餅，意指天下其他的薄餅可廢，可見袁枚有多愛此一品。人說苦瓜是君子菜，與其他種類的蔬菜一起入菜後卻只苦自己，不會連累其它菜。同理也必須稱讚泰安煎餅為餅中君子，口味樸實不華，底蘊深厚，鋒芒內斂。

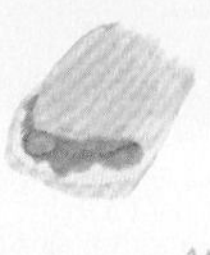

CHAPTER 3

# 餐桌外的家常菜

家常菜於飲食文化中，是指一般家庭隨手可得以及時常見於庶民家庭的菜餚，此類家常菜多數沒有多餘矯飾，沒有匠氣，這類稱為家常菜。但此章節的家常菜是常見於我家的餐桌，並非傳統做法的家常菜，多數是來自於各館子、攤販或是大飯店。

# 魚香肉絲

## 「魚香」從哪裡來？

那年冬天特別冷，天空飄下第一場雪的晚上，雪勢不算大，出門前打開窗子，冷冽的寒風吹襲而來，禁不住打了個冷顫。這裡是當倉庫用的邊角房間，所以也沒設置暖氣，一到深夜滿屋雲霧，還頗有人在雲深不知處之感。一大早領著寒風細雪上菜市場，見著大量的冬筍剛剛上市。

清．陳熙晉曾經作詩讚美冬筍：「茅臺村酒合江柑，小閣疏簾興易酣。獨有葫蘆溪上筍，一冬風味舌頭甘。」數百年前古人就熟知冬筍的甘美滋味，甚至與貴州茅臺相提並論。一、二月可算是冬筍上市的旺季，此時高檔中餐料理大量運用冬筍，或湯或炒，或燒或煸，吃法多彩多姿。

魚香肉絲裡的經典配料就是冬筍，除了顏色上的考量，還有別於其他季節筍子的獨特風味，人們不惜重金就是為了追求這迷人的滋味。在川菜眾多味型中，魚香味較具特色，它源於民間，以烹製出的菜餚具有魚香而得名。魚香是此菜的整體口味，與四川名菜豆瓣魚的口味相似，因此魚香就是來自於豆瓣魚的泡辣椒、糖以及醋的調味香氣。有另一種說法是正宗傳統的泡辣椒，在醃制時要放入活鯽魚增鮮，所以泡辣椒又有魚辣子的稱號，命名為魚香。

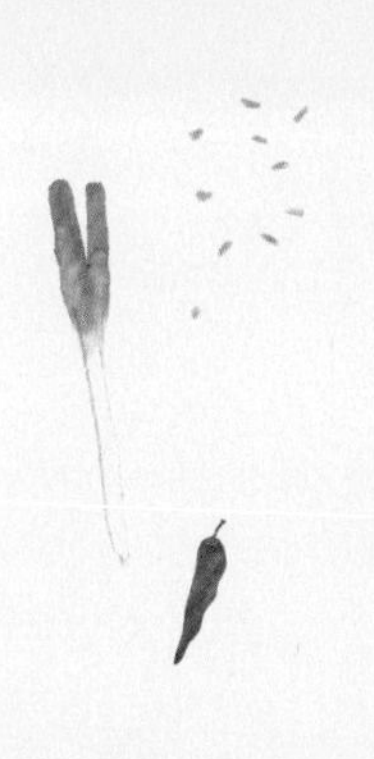

烹製許多四川風味菜時都離不開泡椒，這種泡辣椒在四川的醬菜店裡都有販售，凡是製作「魚香」菜餚的調味料，一般都與製作豆瓣魚的調味料相同，都少不了泡辣椒，鹹、甜、酸、辣、香、鮮兼具，非常適口。魚香味型為什麼需要泡辣椒的理由很簡單，為了符合四川口味的需求，久而久之正規的魚香味型菜餚就必然選用泡辣椒，如果沒有泡辣椒就根本不算是正宗的魚香肉絲。雖然有人用郫縣豆瓣代替泡椒，但如上所述，那已經不是魚香肉絲，因為連味道都不一樣了。四川人在調料的地道上是極為堅持沒得商量的。

巴蜀調味品中，泡辣椒的口感用途與郫縣豆瓣相似。兩者相比，泡辣椒含水量高、色紅、泡制時間短、口味辛辣，需要較多的油，而且需炒酥，採短時旺火快炒，才能保持鮮辣味，時間不可太長。魚香味的味型，有鹹、甜、辣、微酸，鹹味的重要性排在第一位。如果鹹味不夠，糖醋味、泡辣椒味就很難融合，不是甜的膩嘴，就是酸的酷口，要不就是辣的過燥。鹹味通常較難調配，烹煮魚香肉絲時經常會鹹過頭，或者一旦鹹味不足則鮮味難以發揮，即使有甜有酸也無法突顯出來，所以製作魚香味菜餚的酸甜比例是重要關鍵。雖說魚香肉絲是極為重要的經典川菜，但多數館子不太愛賣，理由不外乎是費工又賣不到好價錢。因為筍子木耳與肉絲要達到良好賣相，都需要手工切絲，這點機器難以替代，再加上多數人對於大魚大肉的價值觀感較高，所以炒肉絲是既吃力又不討好的菜色，店家也就不愛賣。

已經是傍晚時分，外面還持續下著大雪，絲毫沒有停止的跡象，從門縫鑽進來的寒風，吹的屋內的馬爾濟斯趕緊捲縮在狗窩內懶得走動。料理晚餐時用了早上買到五塊錢一斤的冬筍，切絲做成魚香肉絲，是最佳的下飯菜。人說川菜是毒藥，吃了之後，其他菜都變得沒滋味，雖然言過其實，只是在濃淡調味上需要多加思量。將它做成干煸冬筍也是不錯的主意，接著再來一道冬筍肚片湯，鹹鮮、辣香、醇濃都出席了。天氣寒冷肚子易餓，想想今晚的蘇北大米飯又要吃去一大半了。

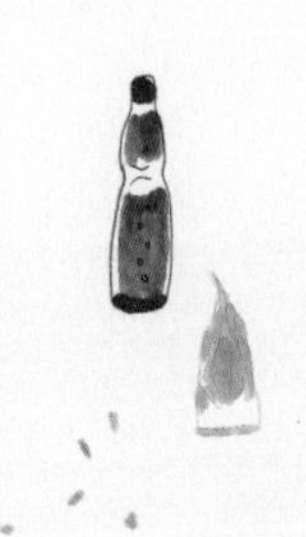

到味一點訣 

1. 有些新派川菜還會加蠔油以及柱侯醬同炒。
2. 「魚香」是四川菜的味型之一，是指泡辣椒、糖以及醋的調味香氣。其中泡辣椒是地道的關鍵配料。成菜兼具鹹、甜、辣、微酸口感，其中鹹味的重要性排在第一位，所以鹹味的調味比例極為重要。

## 主輔料與調味料

**材料**

豬肉 200g
（肥：瘦＝3:7）

冬筍 50g
（或是水發冬筍又稱玉蘭片）

黑木耳 25g

**調料**

鹽 0.5 小匙

白砂糖 1 大匙
加 0.5 小匙

紅醋 1 大匙
加 0.5 小匙
（白醋亦可，但需酌量減少）

醬油 0.5 小匙

地瓜粉 1 大匙
(等分兩次用)

味精 1/4 小匙

豬油 10 大匙

蔥末 2 大匙

蒜末 1 大匙

老薑末 2 小匙

高湯 4 大匙

泡椒末 1 大匙

紹興酒 2.5 小匙
(等分兩次用)

清水 1 大匙

## 做法

1. 將豬肉、冬筍、黑木耳切成 6 公分長 ×0.3 公分寬的細絲。
2. 將豬肉絲加入鹽、一半紹興酒、一半地瓜粉、1 大匙清水，若太乾可以慢慢添加，仔細攪拌，這步驟稱碼味，攪拌直到豬肉絲吸收部分水分。
3. 另取碗，內放入鹽、味精、醬油、紅醋、剩餘紹興酒、高湯、白砂糖、剩餘地瓜粉調勻，這碗稱為滋汁。
4. 炒鍋上灶，加豬油，中火燒熱，放入豬肉絲迅速炒散。
5. 豬肉絲一變色後推到一邊，放入泡椒末，炒到鍋底油略呈紅色時，把肉絲與泡椒末拌炒均勻。
6. 放老薑末、蒜末、一半蔥末、冬筍絲、黑木耳絲，翻炒均勻。
7. 加入步驟 3 的滋汁，再次翻炒。
8. 放入剩餘蔥末，再淋入明油，盛盤上桌。

1

2

3

4

5

6

7

8

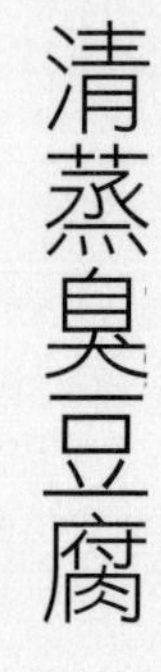

# 清蒸臭豆腐

## 聞著臭，吃著香！

隨著年紀的增長，總是不經意回憶起孩提時代的事情，記得當時美軍還駐守於現址的台北美術公園，也就是美軍顧問團。在飯店服務的父親總會趁下午空檔帶著我們兄弟去買菠蘿麵包，在那個物質不是很充足的時期，特別感到興奮與期待，只是當時不知自己已身在福中。不知道遠行的父親，現在可安好？

早期的台灣冬天很冷，反倒是夏天不怎麼熱。老家是兩層木造房子，一樓租給舅舅經營理髮廳，二樓則是住家。我與弟弟常常在家裡打鬧，唯一能讓我們放下手邊遊戲的是挑著扁擔沿街叫賣的熟食小販，他們大都在晚飯之前的下午時間前來，也就是下午茶時光，只不過當時不是這麼稱呼。這些小販圖的是理髮廳小姐們對小吃的青睞，有賣豬血糕的，還有花生豆花、豬血豬雜湯、油蔥糯米卷、沙茶魷魚、油炸臭豆腐、鹹湯圓……，對當時的小吃選擇來說不算少。

在眾小吃中最令我感到不解的是油炸臭豆腐。起初對這個食物總是抗拒，任憑大人們誘騙就是不想吃一口，怎麼聞都覺得是臭的，心想怎麼會有人賣這種東西？人世間就是由矛盾所建構起來的吧！現在的我反而經常吃臭豆腐，一陣子不吃就會想念起這個「聞著臭，吃著香」的方寸之物，想必是吃出癮頭了。

在廣大的中國與台灣都有臭豆腐的蹤跡，兩岸我吃過的臭豆腐不算少，做法大同小異，最重要的也是最關鍵的莫過於發酵滷水，現今台灣能與中國大陸分庭抗禮的臭豆腐為數不算少。

台灣的臭豆腐聞起來不是那臭，與湖南長沙火宮殿臭豆腐的始祖「姜二爹油炸臭豆腐」比較，各有絕妙風味，算是八仙過海各顯神通吧！

過往，滷水分別有葷發酵滷水與素發酵滷水，現今台灣多以素發酵滷水為主，一改過往葷發酵滷水生蛆等令人作嘔的製作過程。素發酵滷水原料有野莧菜、麻竹筍、香菇、鹼、青礬、曲酒、香料等。一般泡製數月就可以使用，把豆腐乾胚放入，再放置數小時發酵就製作完成，等待下一步烹調加工成小吃。

臭豆腐，是臭豆腐乾與臭豆腐乳的統稱。有的區域稱臭豆腐為臭豆腐乾或臭乾子，如果臭豆腐指的是臭豆腐乳，也稱為青方。最為著名也是原創的臭豆腐乳首推北京王致和，在當時是嬌貴的食物，曾作為御膳小菜送往宮廷，因受到慈禧太后的喜愛而賜名為「御青方」，也就是前面提到的青方。青方，與我們台灣人所認知的油炸臭豆腐的原料有些不同，第一就是它的尺寸較小，僅為方寸大小，第二就是經過兩次長時間發酵。相對於臭豆腐乾只有經過一次發酵的工序，所以臭豆腐乳的氣味既臭且香，兩次發酵後的口感更軟綿，因此不能拿來油炸。

臭豆腐之所以為華人深深著迷，歸究其理不是它的臭，而在於它迷人的鮮味，與臭鹹魚的道理一樣。豆腐乾浸泡在臭滷水裏，微生物會分解豆腐裏的成分，其中蛋白質會分解成氨基酸，就是鮮美的來源。而且臭豆腐經高溫加熱後，大部分的臭味都會揮發掉，同時氨基酸遇熱會產生一種香味。如此一來，香味加上存留在豆腐上的一點臭味，就成了香中帶臭的獨特風味了。

事實上一些食品科學家研究，臭豆腐有低膽固醇與豐富的維生素B12、鈣質、大豆異黃酮等多種養生必要元素。油炸食物好吃，但是對於有一定年紀的人來說，還是要有所節制與忌口。既然要少吃油炸臭豆腐，那麼換成清蒸臭豆腐吧！這樣既滿足了我對臭豆腐乾的口腹之慾，也兼顧養生之道，真所謂一石兩鳥，要是人生事事都可以如此，那該有多美好！

## 主輔料與調味料

清蒸用臭豆腐 4 塊
香菇 3 朵
榨菜 25g
蝦米 2 大匙
中式火腿末 1 大匙
毛豆 1 大匙
辣椒 2 根
蔥絲或芫荽 適量
醬油 1 大匙
高湯 1 杯

**配料**

豬油 1 小匙
辣油 適量
雞粉 適量 ( 可略 )
黃酒 適量

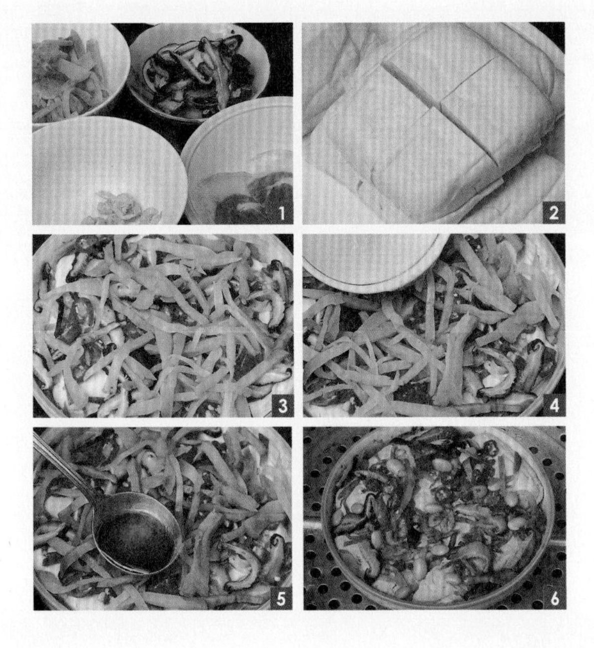

## 做法

1. 香菇泡軟，與榨菜、中式火腿都切成絲。辣椒輪切，蝦米用黃酒略泡備用。
2. 臭豆腐洗淨。清蒸用臭豆腐較為大塊，以刀子一切成四，但不切斷，且較容易入味。
3 把臭豆腐擺入盤子內，並將所有配料平鋪在臭豆腐上。
4. 加入高湯。
5. 再倒入醬油。
6. 放入蒸籠蒸約 40 分鐘，再放入熟毛豆略蒸至完全入味，即可取出食用。上桌前加入適量蔥絲或芫荽。

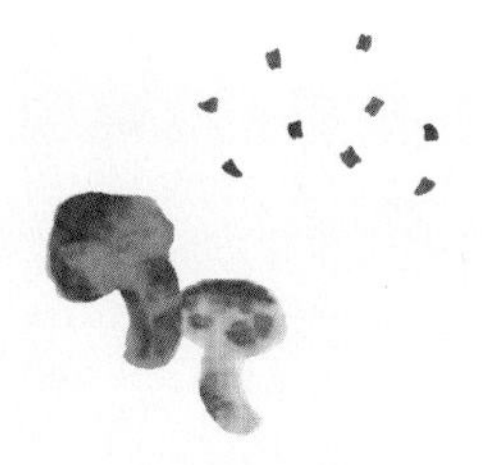

CHAPTER 3

# 上海農家南匯蒸茄子

## 巧思烹茄才有味

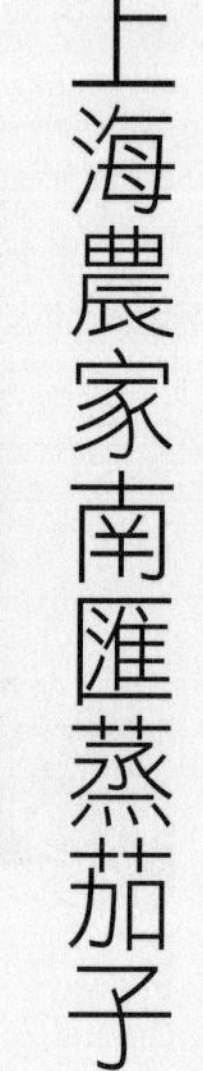

翻翻月曆，過了八至九號就是二十四節氣的寒露。雖說黃曆是以黃河流域為觀測區域，拿到台灣不全然適用。將它運用在台灣，有部分節氣需推遲半個月或一個月才行。寒露是四時節氣由陽轉陰的開始，氣候由熱轉寒，萬物隨著寒氣增長而逐漸消落，也就是由熱變冷的交替季節。

在自然界中，陽氣漸退，陰氣就漸生。老祖宗告誡我們「春夏養陽，秋冬養陰」，因此秋季時節必須注意保養體內的陽氣。當氣候變冷時，正是體內陽氣收斂以及陰氣養精蓄銳之時，所以應該保養陰氣為主，也就是說不宜多吃辛辣食物，如辣椒、生薑、蔥、蒜，因為食用過多的辛辣容易損傷人體陰氣。

颱風過後到市場逛逛，看到台灣改良的一種夏季茄子—麻糬茄。可能是正值閏年，多一個閏五月，所以有些作物生長期往後推遲了一些時日，接下來冬季茄子將交替上市，麻糬茄的產量就會漸漸稀少，趕緊把握機會買了幾條回家。

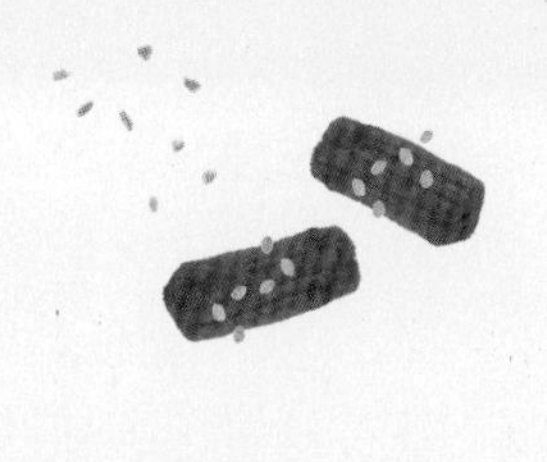

江浙人及上海人稱茄子為落蘇。茄子既是食用蔬菜又是良藥，因為茄子性寒，不違背「春夏養陽，秋冬養陰」的養生原則，何不趁此時多多食用！不過，茄子性寒，所以虛寒、便秘者不宜多食。如果真的想吃，也要搭配性熱的食物，與吃大閘蟹要喝薑茶的原理相同。

選購時可由幾個方面來著手。外型以粗細適中為原則，太粗則籽多且老，太細則水分太多吃口不佳。還有綠色花萼和紫色本體的連接處（農人稱為眼睛），也就是白色部分愈寬大，表示這個茄子愈老。另外，顏色上以紫色為佳，紫到發黑則太老。台灣產的茄子主要有兩大宗，一是屏東長茄，另一是麻糬茄。屏東長茄色澤類似胭脂，所以俗稱胭脂茄，以高屏地區為主要產區，冬、春為主要產季；而麻糬長茄以夏、秋為主要產季，當單手握住花萼並且上下搖晃茄體時，可以感覺茄體柔軟似麻糬，而且易煮快軟，品質綿密口感好，以蒸食較佳。兩者相較，以麻糬長茄較佳。

茄子其實不算風味強烈的蔬菜，甚至沒啥味道，因此茄子烹煮比較需要巧思，才可以顯示出它獨特的風味與口感。茄子較具特色的煮法有魚香茄子、醬爆茄子、鹹蛋黃燒茄子、風林茄子、柱侯茄子煲等等，以上需要採油炸方式烹調。因此以前我總覺得茄子要油燦燦地才會好吃，直到前些日子到上海南郊的南匯農場餐廳吃這道菜之後，才徹底扭轉這個想法。顧名思義，農家蒸茄子為特色農家菜，幾年前上海市人蔚為時尚風潮，然而南匯農家是不是這麼吃就不得而知了。

這道蒸茄子好吃的程度自然是沒話說，一向都是吃魚吃肉的我，隨著健康概念的提昇，而且漸漸覺得大口啖肉是不環保的行為，所以就開始多吃蔬果，也少吃油炸食物。雖然這道菜少了點滿足感，但同時也少了生理負擔，又可以為環保盡點心力，算是「雖為小善仍為之」吧！午餐就靠它獨撐大局了。

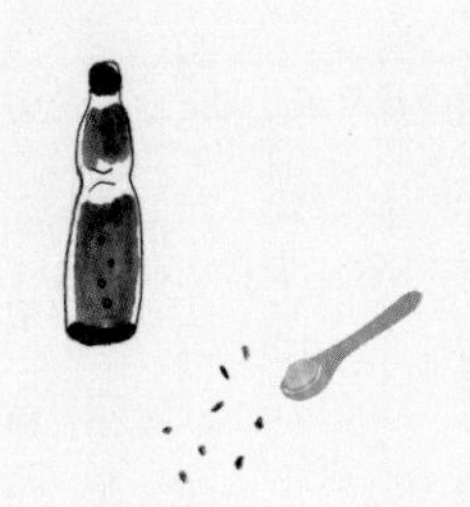

## 中菜須知

紀載於《笑林廣記》的茄子笑話

1. 一位在菜館工作的先生，因為東家一日三餐供下飯的都是鹹菜，而且東家園中結了許多碩大肥美的茄子，從來不曾給他吃過一次，天長日久後終於吃膩了鹹菜，按耐不住終於題詩示意：「東家茄子滿園爛，不予先生供一餐」。不料從此以後，天天頓頓吃茄子，連鹹菜的影子也沒有，最後這位先生吃怕了茄子，卻有苦說不出，只好續詩告饒：「不料一茄茄到底，惹茄容易退茄難」。
   顯見茄子雖色澤好看，味道卻是難以釋放，所以在烹調茄子的過程中，需要巧妙的手法，才得以發揮茄子的箇中真味。
2. 茄子，又稱落蘇。這個名稱據說是戰國時期吳王闔閭看見孩子的帽子上的流蘇，像極了快要掉落的茄子，所以將茄子更名，叫做「落蘇」。

## 主輔料與調味料

**材料**

茄子 1 條
蝦皮 1 小匙
植物油 2 大匙
蔥 半支

**醬汁材料**

醬油 2 小匙
白砂糖 1 小匙
豆豉 1 大匙
蠔油 1 大匙
白醋 1 小匙
美極鮮味露 1 小匙（無可略）
清水 0.5 碗水

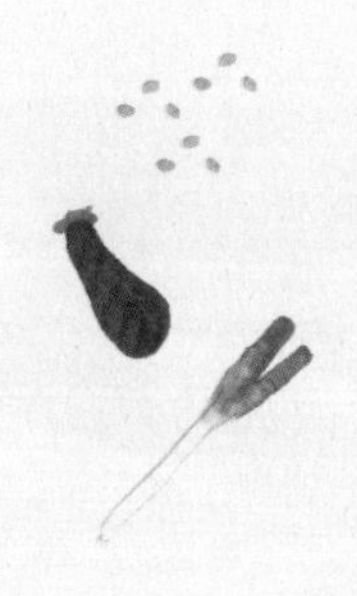

## 做法

1. 先調醬汁配方。將醬油、白砂糖、豆豉、蠔油、白醋、美極鮮味露、清水放入碗中調勻，放到爐上大火煮 3 分鐘，煮到豆豉味飄香為止。茄子對剖，切成段，同蝦皮放入鍋中蒸 15 分鐘，或直到茄子柔軟適口為止。
2. 蔥切成細絲，放入冷水中浸泡。
3. 把步驟 1 的醬料淋在蒸好的茄子上，擺上切好的蔥絲。
4. 另起鍋，放入 2 湯匙的植物油，加熱到冒煙之前，舀起淋在蔥絲上熗香即可趁熱食用。

# 辣子雞丁

## 廊下的那罈泡辣椒

挨著白案廚房後邊，狹長黑瓦屋簷下，不論寒暑總是擺放著數十罈的泡薑、泡青菜或是泡辣椒，這是每天要用上好幾斤的小料子，或是稱小配料。如蒜片、薑片、蔥段、泡辣椒、泡蘿蔔等皆歸類為小料子。當然在較冷的日子裡，這些泡薑、泡辣椒青黃不接，無奈之餘，就要向外求援購買。一般較具規模的館子，這些小配料多是外購，誰還這麼閒情逸致，硬是自己弄騰半天。術業有專攻，這些醃漬的活，何不交給專業醬菜坊，還樂得清閒。劉師傅對全數外購的泡辣椒等醃漬小料子，總是笑著搖搖手回應：不成不成。一開始總覺得，劉師傅就乾巴巴攢存那點銀兩，能幹啥大事業？

某日下午，又看見劉師傅一手托著罈碗蓋，一手用竹筷，小心仔細地撥弄著罈內的泡辣椒。那罈泡辣椒味道嗆濃，順著廊下風，遠遠就聞到泡辣椒特有的酸鮮味，如果有心者想偷嘗，蓋碗一揭，那氣味四竄，想不失風被捕也難。說也怪哉，劉師傅不等我開口，打開兩罈，一罈還半掩著，直接對我問：嘗嘗這兩罈泡辣椒有什麼不同？嘗過之後我回答：一罈味鹹香氣較弱，泡椒口感較軟爛，另一罈反之，口感較脆。師傅說，這就是精心培養照顧泡椒的必要性，這高雅的香氣與柔和的酸味，絕非坊間凡品可以比擬，是專門給識貨老饕嘗的。其中至關重要的是那罈已經快二十年的鹵水，師傅不經意流出自得意滿的眼神。這時我走近並伸手要揭開碗蓋一瞅究竟時，卻給師傅一手攔了下來，他告訴我別亂來，這可是他的寶貝，風走不得，也瞧不得！看樣子完美的事物，是建立在不必要的堅持之中。

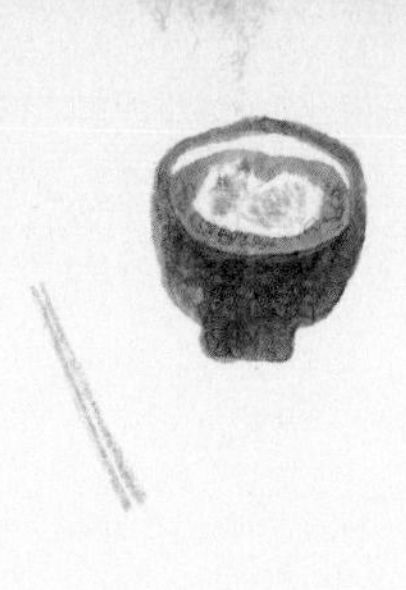



泡椒炒雞胸肉稱為辣子雞丁，它是我的泡辣椒初體驗。一試之後就被這寸長之物著迷，在乳酸桿菌的作用下，原本鮮辣的辣椒，又多生成了一份特殊的酸味，將它入菜，成菜有清芳辛辣的香氣，辣子雞丁就是屬於這一種家常味。

四川菜系裡面有各式各樣的味型，常用的味型多達二十種，其中十三種與辣味有關，這當中以家常味為首。家常味的特色是鹹鮮微辣，之所以冠上「家常」二字，是因為過往一般四川家庭常用的諸如豆瓣醬、泡青菜、泡薑、泡魚辣子（又稱泡海椒）等醃漬鹹菜或是調味品，多是自家醃漬，因此有「居家常有，不需外求」的說法，所以以家常命名。

由此可知，只要是鹹鮮微辣，而且是居家常有，都可歸類於家常味的行列。今兒個就以辣子雞丁為例。說到做菜，尤其是川菜，是要講求規矩的。製作多數川味熱炒，有個專有名詞，稱之為「小煎小炒」。所謂小煎小炒，大致定義為：主料不過油，現兑滋汁，急火短炒，一鍋到底。所謂急火短炒，業內稱搶火菜，有的菜式甚至是以秒來計算，這急火短炒在營養學上是有其正面意義，食物在短時間內煮熟，可以最大限度地保留原汁原味，也不破壞食物本身的營養。

接著來說說烹製法。一般用雞胸肉，或者雞腿也可，只是要切的較雞胸肉小塊一點，約一點三公釐見方，以刀尖每一點五公釐間隔剞過（十字花刀）雞丁，切成一點五公釐見方塊丁，剞刀的好處是雞肉在鍋中至熟迅速，短時間就可以完成，不至於炒到乾柴。再加入少許料酒以及少許鹽，這裡要注意的是鹽的添加量，是起到基本調味以及容易受熱的目的，而不是決定最終的鹹度，因此不可太鹹，意思到即可。如果沒有這道手續，光滋汁不夠深入雞肉肌理，這樣品嘗起來容易產生滋汁是滋汁，雞肉是雞肉，汁與肉產生嚴重分離，一般人的說法就是不夠入味。最後加水澱粉（太白粉加水）碼芡。這裏碼芡有兩個意義，一是保持水分

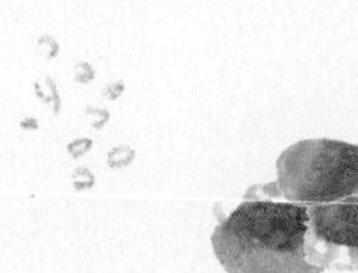

不至於過度流失，再則可以沾裹上適度滋汁，也就是說較為巴味。碼芡雞丁的同時也要把薑、蒜片一起放下去醃漬。

炒雞丁時，鍋上灶，熱油。首要問題是油要下多少？小煎小炒，油量需一次放足，若油量過多的話，當雞丁已經炒散，那滋汁也收了，可是鍋裡還是一片油海，不論是主料還是小作料，表面有一層油要巴味也難。油少了，則雞丁容易脫芡，即使收汁後也是一遍疙瘩醬糊，整鍋髒兮兮。一般實務上，當一份油脂下鍋，下主料炒散後，還有四分之一油脂，這四分之一足以把後面的滋汁統合收汁，也不至於過分油膩。

這裡總結一下，碼芡後的雞丁下鍋炒散。所謂炒散就是雞丁吸收油脂至熟，即粒粒滑開分離。再下筍丁與青蔥略炒，接著雞丁推至鍋邊，騰出鍋底中央，若下油適量的話，鍋底會有分泌出來的部分油脂。接著直下剁蓉泡椒，炒出顏色及香氣，最後下滋汁快速烹炒，一氣呵成，盛盤上菜。

這辣子雞丁吃的是色香味。蔥綠，泡椒紅，雞丁白，這是色。蔥薑辛香料、油脂與料酒混合的脂香，泡椒與白醋的醋香，醬油釀造的醬香，這是香。雞丁的動物鮮味，筍丁的自然味，鹽的鹹味，泡椒與白醋的酸味，加糖確吃不到甜味，這是味。辣子雞丁成色紅亮，口感精緻，鮮而不辣，是佐飯的佳餚。

常常在想，吃米飯最傷腦筋的事，莫過於沒有一道好下飯的菜餚，並非桌上菜色不夠豐富。有的時候繁忙，就會去買自助餐，多是三菜一葷，嘗了幾口，通常都是失望、無奈、失落的感覺。若情非得已，一般還是自家作菜，愛怎麼地就怎麼地，想吃啥，當天就做那道菜，往往桌上就一道菜也可扒上兩三碗飯。

古人有言「山不在高，有仙則靈」，我也有話要說，正所謂「菜不在多，好吃就行！」

## 主輔料與調味料

雞胸肉 200 克
熟筍丁（可略）80 克
泡辣椒 20 克
蛋清 1 個
太白粉 3~4 小匙
薑片 2 小匙
蒜片 6 克
蔥花 6 小匙
植物油 13.5 小匙（55 克）

紹興酒 2.5 小匙
醬油 1.5 小匙
白醋 0.5 小匙
鮮湯 3 大匙
太白粉（滋汁用）2 小匙
味精 1/4 小匙
芝麻油 2 小匙
鹽 1/4 小匙

## 做法

1. 先準備好所有材料。
2. 片去雞胸肉上面的一層薄膜，再用刀尖十字花刀輕輕剞過。
3. 然後切成 1.5 公分寬的長條。
4. 再橫著肉條，切成 1.5 公分立方的雞丁。
5. 蛋清與太白粉調勻（玉米粉亦可），加鹽、紹興酒，同雞丁一起拌勻。將紹興酒、醬油、鮮湯、太白粉、味精、芝麻油做成滋汁備用。這裡的白醋可以先混入，醋味香甜柔和，也可起鍋前再下，稱起鍋醋，起鍋子醋風味較具有強烈特色。
6. 泡辣椒去籽剁細。炒鍋上灶，全程開旺火，將植物油倒入，燒六成熱時，加入雞丁並以鍋剷撥散，待六成熟，將雞丁撥至鍋邊，隨即放入泡辣椒翻炒，再將薑片、蒜片、蔥花依序倒入鍋內炒勻。
7. 加入滋汁、白醋。
8. 翻炒數下，收汁起鍋，盛盤即成。

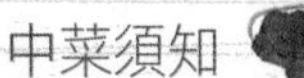

### 中菜須知

1. 外面餐館為求效率，大多不用小煎小炒。雞丁改採滑油方法，即用溫油泡熟至六分熟，這種手法迅速穩定，但是味道不如小煎小炒來得入味。
2. 鮓：用鹽、椒等醃製成的魚類食品。
3. 水豆豉：是一種調味發酵黃豆（類似日本庶民食物納豆）。

# 蘇式糖醋小排骨

## 骨肉分離？

記得某一天，與許久不見的長輩同桌吃飯，當天是滿桌的南北合大菜。所謂南北合，就是來自五湖四海，大江南北，只要愛吃的菜都來者不拒。席間長輩瞧見一道甚愛的糖醋排骨，滿心歡喜的夾了一塊放入自己的碗內，嘗試咬了一口卻咬不動，悻悻然又把排骨夾出碗外，不慍不火地落下一句：「正宗糖醋排骨，要做到骨肉分離才論得上及格」。

其實這位長輩的說法，可以說是對，但也不算全對。說對是因為糖醋排骨可以這樣做，說不全對是因為不是所有糖醋排骨都需要符合這樣的酥軟程度。一般糖醋排骨的傳統作法有紅燒、軟燒或焦溜，其中後者的處理方式是以油炸斷生即可，請問要如何能骨肉分離呢？糖醋排骨的發明少說有數百年，它的原鄉是中國，不過中國地廣人也稠，常言道：「十里一風，百里一俗」，正說明各地奇風異俗，什麼事情都可能發生，什麼都不奇怪。

豬排骨的料理方式多種，又是極受嗜豬肉人士歡迎的食材，它可煎、可煮、可炒、可烤、可炸、可燒，花樣繁多，以豬肉料理來論，我最愛糖醋排骨這一味。糖醋排骨各地都有，歸類為家常菜並無不可，但餐飲專業認定它為魯菜、江浙菜與川菜等三大菜系。

或許上述這麼分類，有人會跳出來不服氣說：台灣也有糖醋排骨啊！會這樣分類，主要是台灣坊間食肆燒的糖醋排骨，大多受到粵菜咕咾肉的影響，當中多了菠蘿、青椒等輔料，

這已經與三大菜系糖醋排骨的純正成菜形式有些脱鉤，其烹法與味道和咕咾肉相差無幾，差異只在於主料使用，咕咾肉使用的部位是瘦肉，糖醋排骨使用的部位是排骨。

既是糖醋排骨，味道的呈現要有糖也要有醋味。先説醋，普遍製作有酸味的菜餚，其酸味來源，不單只在於醋。就醋來説，中國較為知名的醋首推山西老陳醋、江蘇鎮江香醋、浙江大紅浙醋、四川保寧醋、福建永春老醋，台灣則是有名且較具歷史的五印醋。有人使用過五印醋後覺得較適合直接沾食，較不適於燉煮。但我習慣使用大紅浙醋或是坊間攤販愛用的米豆白醋，其酸味質樸，也是不錯的選擇。至於糖醋排骨的酸味來源，除了以上所提的釀造醋外，還有番茄醬、檸檬汁、OK醬與喼汁（Worcestershire Sauce，上海人喚其為辣醬油），至於哪個好，或許沒有標準答案，但建議先從傳統做法試一試，再做其它嘗試。

這裡還需要特別提及一下，糖醋味菜餚的味道典型呈現是甜出頭、酸接手，最後來個鹹收口，俗語説「若要甜，加點鹽」就是這個道理。糖與醋味的穩定基石非鹹味莫屬。鹹為百味之首，鹹味在很多菜餚，既可如肱骨之臣極力輔佐主子一般，也可如關羽華容道，一夫當關，萬夫莫敵，欲重用或巧使全在於司廚者。糖醋排骨一旦沒了鹹味，猶如無舵之舟，糖醋味將飄忽不定，潰不成形，疑惑者可以試做此菜，既不放鹽也不下醬油，即可印證所言虛實。

要做好糖醋排骨，最關鍵的工序是糖醋汁要調得好，口感味型才會正宗又柔順，一般來説糖與醋的體積比例是2：1，但這個比例並非鐵律，可以依照食用者喜好調整，不過不建議脱離糖醋味的評鑑準則為最好。不然一人一個號，各吹各個調，比例錯亂毫無章法，把糖醋味調成荔枝味或是鹹甜味了。

## 主輔料與調味料

豬肋排 500 克
青椒 少許
紹興酒 4 大匙
醬油 5 小匙
白砂糖 4 大匙
麥芽糖 50 克
白醋 3 大匙
豬高湯 17 大匙
太白粉 30 克
豬油 500 克
（或是排骨體積的 1.5～2 倍）

## 做法

1. 把豬肋排洗淨後，切成 4 公分長 x 3 公分寬的長方條。
2. 起鍋，以中火燒油，將豬肋排放入豬油鍋中炸製，直到外表略微焦黃為止。
3. 或是六成熟即可，撈起豬肋排，把豬油濾掉。
4. 以炸豬肋排餘溫，下青椒過油燙一下即可撈起，撈起備用。
5. 將豬高湯、紹興酒、白砂糖、白醋、醬油、麥芽糖放入碗內攪勻成混和調料，備用。
6. 原鍋上灶，用中火，放入豬肋排，倒入混和調料一併燒沸。
7. 待燒沸，轉小火焗 5 分鐘左右。
8. 接著開旺火，加入太白粉水，最後加起鍋醋炒勻，加入青椒塊略為拌炒，起鍋盛盤。

### 到味一點訣 

1. 此烹法要選肉厚帶骨者，以免不耐久燒，成菜口感也容易老韌。此菜本無裝飾，可加些青椒塊，也極為合適。
2. 若要給老人家或是小孩子吃，需要較軟的口感，可以在油炸之前，將排骨先放入蒸籠蒸一個小時，直到排骨較為柔軟，接下來做法一樣。
3. 這道菜，加入水澱粉時可以徐徐加入，所謂的瞎子過河，一步一步試，這樣勾芡不過不失，較為妥貼。起鍋醋最後加，味道更為鮮跳，比較不會沉悶。

## 中菜須知 

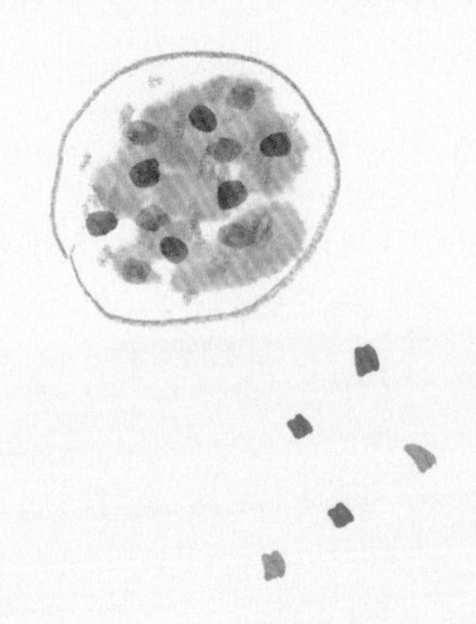

1. 各國不同的豬肋排分切法

世界各地豬肉的分割法不近相同。單就排骨部分，北美一般庶民的分割法如 Country Ribs 以及 Back Ribs。然而海峽兩岸的分割法也有些許差異，台灣一般對排骨說法，除了胸排之外，肋骨部位稱之為肋排，把肋骨挑去，就是五花肉了。整根肋排以肋骨為主來看，從背脊為上端一段切為兩部分：上部，即接近背部脊椎四公分長的部分，稱之為小排，而下段則稱排骨。海峽對岸的分法，是以近背脊端依序為，起端四公分稱子排，中間一大段稱為肋排，最尾段四公分之處則稱為小排。

2. 糖醋排骨三種燒法

紅燒：原料多經過煎、炒等初加工後才下鍋，加入帶色調味料，煸炒上色後，加入適量湯水，以旺火燒開，改用中火加熱，（這點與軟燒最大的差別），直至原料適度酥軟，入味後再以旺火收濃湯汁，勾芡成菜，該技法是為紅燒。

軟燒或炸收：即紅燒法的變化，原料經過煎、炸或焯燙等初加工後，再另放入鍋內，加調味料及適量湯水，以旺火燒開，轉小火長時間加熱，燒透入味成菜，一般不勾芡，多為自來芡，也就是靠食材本身自然收汁來稠化。因菜餚質感軟嫩、軟糯為主，故名軟燒。

炸溜：又稱為焦溜或脆溜，是一種將原料改刀、掛糊、油炸，再澆上調味汁拌勻成菜的一種溜法。

3. 如何辨認真正的天然醋？

中國山西有句俗話說：「可以交出槍桿子，不能交出醋葫蘆」，山西人嗜醋如命，在大陸是出了名的，而山西老陳醋為中國醋的發源地。在山西原有一千多家製醋廠，後來由老陳醋集團出面整合。市面上醋品如此多，業者都宣稱自己是天然釀造醋，消費者究竟要如何辨認真正的「天然醋」？生產五印醋的醋王之家，投入天然釀造醋已有百年，它說只要握住醋瓶子上下左右搖晃一下，觀察瓶內泡沫又細又密，而且久久不散就是天然醋；另一個方法則是，將水果醋開瓶後靜置半小時，若有果蠅被吸引過來，就可確定是天然的釀造醋了。

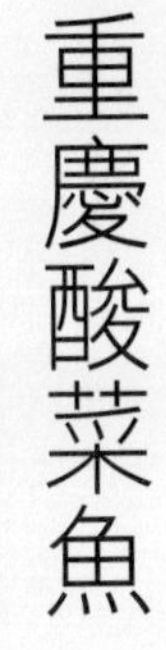

# 重慶酸菜魚

## 酸香解膩的下飯湯菜

待在美國西北那段時間，居住的區域與海洋、湖泊相鄰，淡水與海水往往僅隔數尺，常常區分不出來。中國江南的湖泊也眾多繁雜，或天然或人工不計其數，搞也搞不清楚，這種場景在台灣就很難見到。緯度較台灣高一些的上海，一到夏季也是酷暑難耐，在上海啥也缺，就是不缺運河小塘或是湖泊，得閒時會與朋友到社區附近的湖泊游泳，消暑之餘，還可以順手摸些螺螄或是河蚌，用紫蘇、辣椒、醬油、糖烹煮來打打牙祭，當做晚餐的下酒菜。晚上徐徐涼風吹來，吃著炒螺螄，即使不喝酒，來盅熱茶也快意。

湖泊眾多區域，當然河鮮也不會少，草青、花鰱魚肯定少不了。草青與花鰱魚是上海人對草魚與大頭鰱的稱呼。在台灣，因母親不太會烹煮淡水魚，總是說淡水魚不好吃，所以連小孩子的我們也不愛吃河鮮，直到在上海吃到剁椒魚頭時驚為天人，開始為河鮮著迷，後來又吃到重慶酸菜魚而感到驚喜連連。

酸菜魚屬於四川江湖菜，或許有些人並不清楚何謂江湖菜？江湖菜可不是一道菜，而是一個菜系的概約說法，例如酸菜魚、花椒魚片、辣子雞、啤酒鴨、老鴨湯等等都是流行於民間的地方風味菜，重慶人稱之為江湖菜，充滿於都市餐飲市場中，並形成了一股潮流，上至五星級酒店，下到庶民餐廳，莫不以這些菜為招牌，而且三天兩頭更新品種，花四、五元人民幣就能吃得到，加上七滋八味讓城裏的饕客大飽口福。

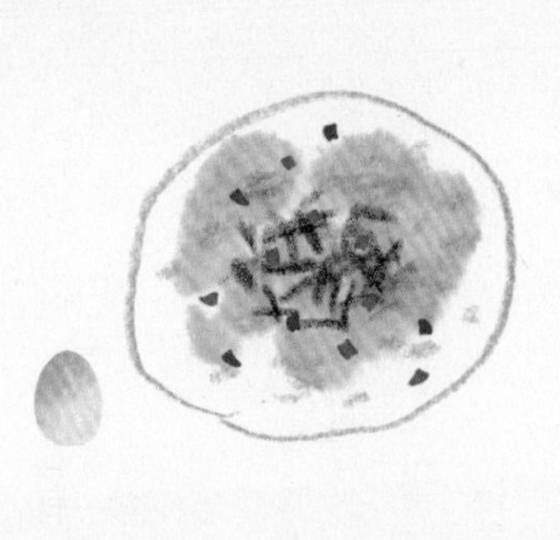

近幾年東、西、南、北的餐飲市場都在流行地方風味菜，叫法上不一樣，口味上也有差異，但統稱為江湖菜。在江浙、上海等地稱為家常菜，在武漢稱為迷宗菜，在廣東界定為大眾菜，在北方則被戲稱為大嫂菜，用專家的話來說，是指相對於正宗流派的民間菜式。由於發跡於民間，並以某種菜系為基礎，師出多門，也無所謂正宗或是流派包袱，不拘常法的重複加工，複合調味，中菜西做，老菜新做，北料南烹，看似無心實是妙手天成，而有出奇制勝的效果。

江湖菜最大的特點是「粗」、「土」、「雜」。

「粗」，是指江湖菜具有豪邁粗獷的霸氣，烹煮不拘法，用料大氣，大把辣椒，大把花椒，大口喝酒，大口啖肉，只求痛快。

「土」，是指江湖菜多具濃厚鄉土氣息，有些江湖菜發跡於路邊小店或是村夫漁婦的家常菜色，偶然尋獲有好吃者，茶餘飯後相互傳播，有口皆碑而聲明遠播。

「雜」，是指江湖菜具有兼容並蓄的「雜交」烹調手法，用各種不同手法烹調，做出來的菜讓人感到似曾相識，又弄不清從何而來，讓人匪夷所思卻拍案叫絕。

酸菜魚，說它是國菜一點也不為過，而酸菜魚來歷說法頗多。有說法一，它創始於重慶江津縣津福鄉的周渝食店，一九八〇年代中期以經營酸菜魚為名，頗受饕客讚許，之後該店收了不少徒弟，學藝完成後自立門戶，該店的招牌菜也隨之廣為流傳。

有說法二，重慶壁山縣來福鎮位於成渝公路旁，壁南河附之於側，河鮮產量頗多，烹魚高手多如過江之鯽，因此「來福小鎮鮮魚美」之譽不脛而走，橋頭有一個店家索性以「鮮魚美」來命名，找來書法家楊宣庭題字，掛於店前，既作招牌也充作店名，並推出也是堪稱國菜的「水煮魚」，風靡數年之後，緊接著推出「酸菜魚」，其風味獨特，名聲也不脛而走，四川省各地紛紛仿效。

說法三，壁山縣有一位釣魚高人，一日釣得幾尾魚回家，因為他的妻子誤把魚放入煮酸菜湯的鍋裏，品嘗鮮美至極，釣魚達人見人就誇讚，酸菜魚也因此名聲遠播。

「酸菜魚」，是用鮮魚加泡青菜（四川人稱酸菜為泡青菜）做成的湯，因為泡青菜味酸，所以用酸菜來命名。四川民間，初冬用青菜醃漬成酸菜，裝在大罈裡貯藏，可以吃到來年的夏天。酸菜大多與雞、鴨、魚、肉一起做成湯菜，酸鮮爽口，消油解膩。酸菜魚是四川家常菜中的名品，曾於一九九〇年代紅遍中國，巴渝各家食肆都備有這道菜。

## 到味一點訣

1. 酸菜一定要先煸炒過，這樣才能激出酸味，讓湯頭更香醇。
2. 注意下魚片動作要快，不然第一塊魚已經老了，最後一塊魚都還沒下鍋。待魚片變成白色就可連同魚湯倒入湯碗內，假如魚片還沒全熟可略煮一下，不過酸菜魚魚片講求是鮮嫩滑口，所以還是不要煮太老為宜。
3. 這道原本是湯菜，不過我把它煮的較乾好下飯，所以要多湯還是少湯都可以。
4. 若是條件許可，建議使用自家醃製的酸菜，風味與市售酸菜大不相同。

## 主輔料與調味料

**材料**

魚 700 克
(以草魚或是大頭鰱為佳)

酸菜 100 克
(四川製酸菜最好，因為有添加香料，味道更濃純)

薑 8 克
(約 2 大匙)

蔥 16 克
(約一整株)

蒜 約 3 大匙
(拍鬆即可)

蛋清 1 個

地瓜粉 1 小匙

泡辣椒 8 克
(約 1 大匙)

**調料**

高湯 4 ～ 6 杯

鹽 0.5 小匙

植物油 6 小匙

白胡椒粉 0.5 小匙

米酒 1.5 小匙

花椒粒 0.5 克

味精 1/4 小匙

太白粉 適量

## 做法

1. 魚先剖殺，去鱗、鰭、鰓和內臟，洗淨，用刀片下兩片魚肉，另將魚頭劈開，魚骨斬成 0.3 公分厚，將魚肉斜刀片成 0.3 公分厚的帶皮魚片。
2. 酸菜稍洗，切成適口長度。蔥切段。蒜剝成瓣。薑洗淨、切成片。泡辣椒切段。
3. 炒鍋置火上，油燒至熱時，先下酸菜煸炒 4 分鐘後，再放蔥段、蒜瓣、薑片、2/3 的泡辣椒、花椒粒，爆出香味。
4. 加入高湯煮沸 。
5. 這時可以放入魚頭、魚骨塊，用大火熬煮，撈去浮沫，加入米酒、鹽、白胡椒粉調味後，繼續熬煮至有鮮味出來。
6. 魚片入碗，加入適量鹽、米酒、味精、蛋清、地瓜粉拌勻，使魚片裹上一層蛋清，也可以再加一點太白粉增加口感。
7. 將步驟 3 的炒料逐一撈出，放置於湯碗內。
8. 接著把步驟 1 的魚片，放入鍋內以熱湯煮熟。
9. 酸菜魚上面擺上剩餘泡椒以及 2 小匙蒜末。加入 3 ～ 4 大匙植物油，燒到略微冒煙，倒入湯碗內即成。把蒜末與泡椒略微熗香，再放點蔥絲裝飾即可。

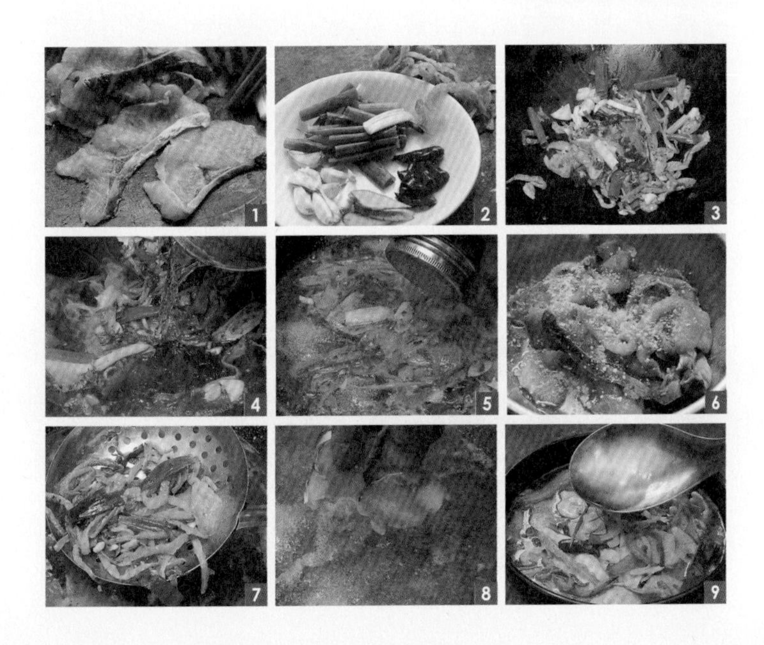


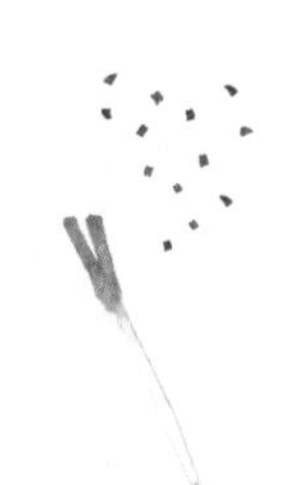

# 陳皮肉丁

## 三六香肉的回憶

自數十年前老家被市府以一張公園預訂地公告勒令拆掉，改建為公園之後，全家就搬到一般的公寓式大樓居住。老家是典型的木造矮房，不同的是它是兩層樓房，有著較一般平房略高的視野，雖說不上是大宅華廈，但終就是個埋藏我童年記憶的所在。市府來拆屋那天，老父並沒有帶我們去觀看，是堅強還是不忍，沒再去細細研究，這一輩子我鮮少看到父親流淚，只有思念起對岸老家的雙親時，才能見到他較為悸動的心緒，最終是老淚縱橫。

遠處依舊傳來轟隆隆地拆屋聲，拆屋工人持續工作了半天。老父如往常一般，下午帶著我們兄弟倆去買麵包吃，經過現場時，我瞄了父親一眼，他泛紅的眼框閃著淡淡的淚光，我默不作聲，回頭望著老家的坐落之地，早已經化作一片殘木瓦礫堆，不由得在心中說了一聲再見。

有一位義伯，廣東梅縣人，當年跟著國民黨軍政府由舟山群島隻身渡海來台，是舊家時多年的老鄰居，慈眉善目，有著一對濃眉大眼，對鄰居小孩和藹可親。偶爾遇到頑皮搗蛋的孩子，印像中也從沒看見過他大聲怒叱責罵。義伯人好脾氣也好，可是他有個小小嗜好，這嗜好甚至讓附近的人有點不習慣，那就是食用三六香肉，人稱地羊。廣東人稱狗肉為三六香肉。

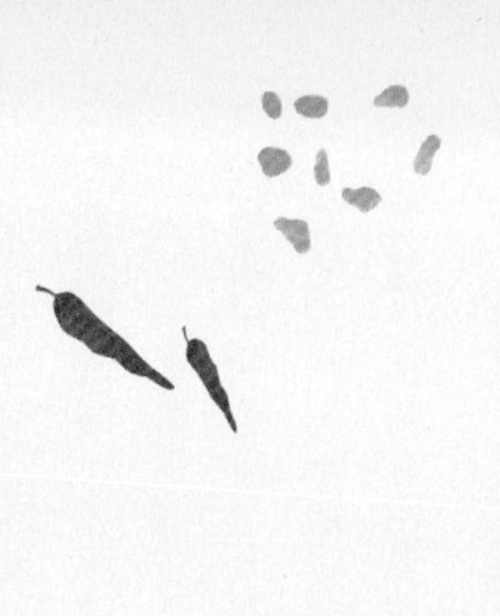

每每瞧義伯手牽著一隻小黃或是小黑回來，就知道他的五臟廟又不安份了。幾天後的傍晚，窗外飄來陣陣香味，不用說，這特殊的氣味必定是三六香肉的香氣。三六香肉，確實很香，可是多數人一聽見是義伯的地羊鍋，都退避三舍。有一日到義伯家與二毛弟玩耍，義伯正在享用晚飯，我也受邀同桌吃飯。小孩子看到有肉吃，哪有不愛的道理？只見桌上有一鍋肉湯，不假思索地吃了一口，問義伯是什麼肉？他微笑著說是羊肉。由於我不喜歡湯裡面的陳皮味道，所以碗裡就落下一塊不再吃了。事後二毛弟告訴我說那是狗肉，嚇得我差點把胃底吐翻天，從此以後只要帶有陳皮的料理，就會聯想到吃下小黃或小黑這檔事，這個陰霾在我心裡久久未能揮去。

人都會長大，口味也可能會改變，兒時厭惡的，長大後未必會討厭，苦瓜就是一例，這就是所謂成人的味道吧！一日，利用半天時間與老東家以及劉師傅到外地參訪觀摩同業，說直接點就是刺探軍情。一般老劉會先點自家固有菜式，與同業比較彼此優劣，再來點些新奇菜式，看看是否有所借鏡之處，也就是說，學了回去好賣錢，本來嘛！鉅作都是由模仿開始的，當然這頓飯可不是白白的吃，食畢要一一說出名堂，不然省不了一頓嘀咕。

點了泡椒鳳爪、酸菜魚、老乾媽鴨掌、鍋巴肉片、碎米雞丁以及陳皮肉丁。嗯，有陳皮！嘗過前面幾道菜之後，潛意識地想排拒陳皮味道的任何料理，所以把陳皮肉丁擱在最後解決，想了想，這是專業的工作，就要拿出點專業精神，心理縱使有萬般無耐，也不能說不喜歡陳皮味道，這個臉可丟不起。

雖然有點遲疑，但還是夾了一塊最小的肉丁，放進嘴裏，乖乖隆滴咚！這不就是我印象中的陳皮味，為何香氣如此誘人？一直覺得陳皮不是好味道，但是這盤陳皮肉丁就如同失散多年的老友，既熟悉又帶著些許陌生。一邊吸吮著乾辣椒的糊辣味，一邊咀嚼著巴滿花椒與陳皮的肉丁塊，最終還被我這位掃盤大將軍給終結了。

陳皮肉丁或雞丁，是蜀中名菜碟子之一，佐飯下酒皆適宜。選用嫩仔雞或梅花肉以及大量花椒和乾辣椒，經過抓碼、油炸，最後收汁成菜，色紅味濃，麻辣乾香，還著一股濃濃的陳皮香氣。此菜冷熱食用均宜，一般冷食較多，放置一兩天風味最佳，也可冷藏存放數天。

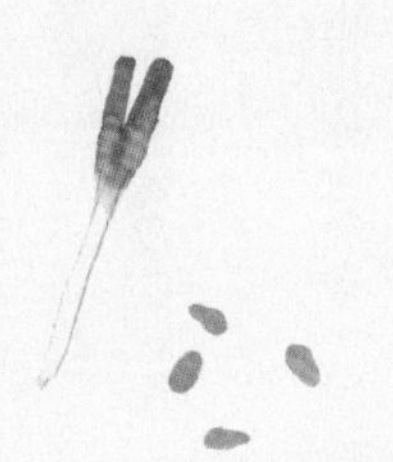

中菜須知

老廣之所以酷好此味，除了香氣之外，他們普遍相信，依據本草綱目記載地羊有溫補腎陽的作用，可以讓人抵禦寒冷。現代人蛋白質來源多樣且種類選擇豐富，補氣強身也非得地羊莫屬，還是有其他選擇。地羊為狗肉的別稱。

## 主輔料與調味料

| | |
|---|---|
| 肉丁 250 克<br>（梅花肉或胛心肉） | 花椒 1/2 小匙 |
| 陳皮 2 克 | 鹽 1/4 小匙 |
| 蔥節 半根 | 芝麻油 3 小匙 |
| 植物油 1.5 杯（300 克） | 鮮湯 3 小匙 |
| 乾辣椒 12 克 | 紹興酒 1 小匙 |
| 薑片 3 克 | 醬油 1/2 小匙 |
| | 白砂糖 3/4 小匙 |

## 做法

1. 將梅花肉或是胛心肉，切成 1.5～2 公分大小的丁，加鹽、醬油、紹興酒、薑片、蔥段拌勻，醃漬 20 分鐘備用。
2. 乾辣椒切成 2 公分長的短節。
3. 陳皮用溫水泡，軟化後切成約指甲大的小片。
4. 炒鍋置於爐上開大火，倒入植物油並燒至八成熱。
5. 將肉丁入鍋炸至金黃色。
6. 剛熟時撈起備用，倒去炸油，鍋中留油約 100 克。
7. 將乾辣椒節和花椒炸出香味。
8. 迅速加入陳皮略炸數秒，炸出香味。
9. 加入肉丁炒勻。
10. 接著加入醬油、白砂糖、紹興酒及鮮湯炒數分鐘（也可事先兌成滋汁）。
11. 湯汁全部收乾後。
12. 淋上芝麻油，蔥段略炒，即可起鍋盛盤即成。

### 到味一點訣

陳皮的藥用價值

李時珍說：「橘皮苦能泄能燥，辛能散能和，其治百病，總是取其理氣燥濕之功。同補藥則補，同瀉藥則瀉，同升藥則升，同降藥則降。」傳統醫學認為，陳皮與乾薑同用能溫化寒痰，與黃連同用能清除熱痰等。

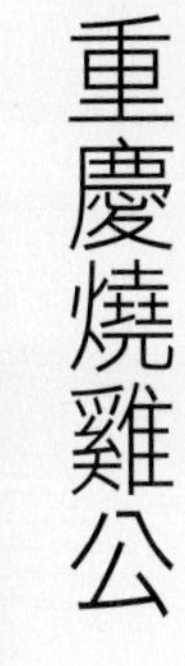

# 重慶燒雞公

## 金屬大盆裡的紅油光

正午時分一夥人在廚房裏繁忙，廚房後面的洗碗阿姨，對著炮爐前忙得不可開交的二廚張毅說話，當時炮爐邊非常吵雜，也不知道說了什麼，大概是後面有人找他。張毅把事情交待了一下，解下圍裙走了出去，沒幾分鐘張毅又走了回來，又把工作接了回去，繼續忙碌於他的份內工作。下午空班時，張毅問我明天酒店公休日有沒有空，他說他妹子來找他，有好東西，因此明天中午約了老劉幾人在自宅辦聚會。我心想即使有事也要推掉，更何況張毅隨意炒個菜都要比其他廚子強上許多，縱使吃不到，去觀摩順便偷師，怎麼算都不會吃虧。

出發前，心理琢磨要帶什麼伴手禮，不如就帶台灣的鐵觀音，因為張毅沒別的嗜好就是愛喝茶。搭了地鐵，轉了一班公車，在一個小區前下了車，按照地址找了找，約末兩百米就到了。按了門鈴不久，是一位未曾謀面的女生前來應門，此時屋裡傳來熟悉的聲音，原來是老劉，他招呼我快進來喝茶！原來一夥人已經喝起茶來了，我和大伙打聲招呼後，便直接往廚房走去。張毅正在忙活，他手裏的炒勺正在前後顛勺，最後一道炒菜快要完成。心想不妙，怎麼不到中午幾乎所有的菜都完成了，即使沒完成的燒菜，也正在鍋中咕嘟咕嘟的冒著熱氣。

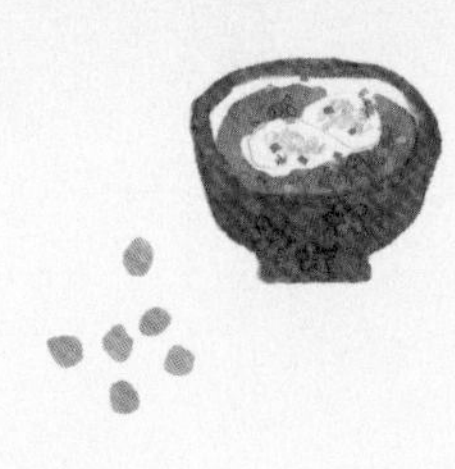



家庭小酌的好處是愛吃什麼就做什麼，不講什麼排場，也不需盤飾，桌上擺著麻辣海帶絲、紅油耳絲、剁椒蒸魚頭、粉蒸排骨以及重慶燒雞公。當日最新鮮就屬燒雞公了（雞公是四川人對公雞的俗稱，母雞喚作雞婆），用金屬大盆裝着，一上桌就吸引了所有人的眼光。這時張毅為大伙引薦遠嫁蘇北鹽埕的大妹子。鹽城就三樣東西最出名，麋鹿、丹頂鶴，外加蘇北草雞。大妹子特地從鹽城拎過來的這幾隻自家養的草雞（土雞的別稱）絕對沒有餵藥，「你給瞧著雞的眼神，是不是還透著機靈，精神抖擻著……」，大妹子自誇的説著，不愧是養雞人家。

自從外公外婆走了以後，我極少回鄉下，因此也沒什麼機會可以再吃到有成熟滋味的雞肉。這盆重慶燒雞公成了今天的主角，吃起來有滋有味，二荊條混合著子彈頭辣椒，那獨特的辣椒香氣逼人，盆面泛著蘇北草雞和乾辣椒熬煮出來的紅油，油光油光的。

人説外行吃熱鬧，內行吃門道，一隻雞上桌，從夾起的第一塊就可以大概判斷出對雞類料理是否專精？比如選擇雞頭與雞腳的人較具個人色彩，小孩喜歡雞腿，好拿又有型；老人愛雞翅，肥嫩又化渣，重點是不塞牙縫。老饕吃的是巧，重點不在於飽，最好的部份應該是連結雞髀（雞腿）上緣的那一層帶骨薄肉，是不油不柴有嚼頭的骨邊肉，捨它其誰呢？

就在大家開動之前，我早就在一旁等著這塊肉浮現，無奈在座善於吃雞的人不在少數，這是個鬥智的時刻，然而還在矜持與遲疑時，目標已經被其他人夾走，只剩下小雞腿與雞胸肉等部位，幸好雞髀還在。我發現張毅的這鍋燒雞公用的是鮮筍子，鮮筍子吸收了蘇北草雞的滋味變得更鮮美，趁機多吃一點筍子，至少可以彌補痛失所愛的遺憾。

## 主輔料與調味料

### 主料

仿土雞 1000 克
( 約半隻雞，建議買公雞 )

鮮竹筍 200 克

### 調料

八角 2 克
草果 2 克
桂皮 2 克
山奈 2 克
小茴香 2 克
花椒 5 克
郫縣豆瓣 50 克
辣椒乾 10 克
米酒 10 克
薑 30 克
蔥 15 克
高湯 500 克 ( 或清水 )
植物油 150 克
糖色 20 克
味精 2 克
鹽 5 克

### 到味一點訣

1. 鮮竹筍切片是水發冬筍的做法，南北貨店家稱為玉蘭片。我用的是鮮筍，切成滾刀塊。
2. 郫縣豆瓣剁細，目的是要充份吸取豆瓣的味道，若不剁細則味不足，放多則菜餚會過鹹。
3. 雞肉炒到略微收縮，也就是梅納反應，可以增加香氣。雞肉或雞皮脂肪炒製出一些油脂並略微收縮，就是炒香的判斷依據。
4. 添加糖色，目的只是讓色澤更為紅亮討喜，也可以不加。
5. 所謂煮至雞肉燒透，是指煮到雞肉軟嫩，好咬開，但是雞肉肉質不會老柴，也不會酥爛得過頭一夾就散。當然也可以依照自己喜好把雞肉燒到有味道為止。

## 做法

1. 仿土雞肉切成 3 公分以上立方塊。鮮竹筍切滾刀塊。薑拍鬆。蔥挽成結。
2. 郫縣豆瓣剁細。辣椒乾切成小段。
3. 炒鍋放植物油，燒熱到六成熟，放入辣椒乾，不斷翻炒，炒香至油成紅色。
4. 放入雞塊並轉旺火，待雞肉變色，便加入米酒。
5. 炒至鍋裏水分已乾，而且雞肉收縮，並略微分泌油脂。
6. 此時加入高湯或清水。
7. 隨後加入所有調料、糖色以及鹽，大火燒開，撇去浮末。
8. 放入鮮竹筍片，煮至雞肉燒透。
9. 加味精起鍋，裝碗即成。

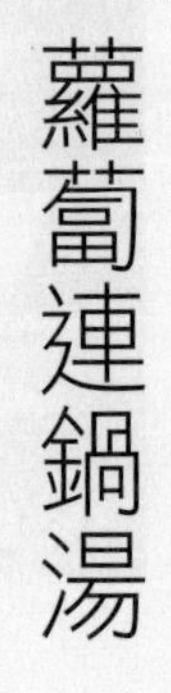

# 蘿蔔連鍋湯

## 農村的鄉土菜

稍微有點飲食季節感的人都知曉，白蘿蔔就屬冬季最甜最脆。雖然台灣一年四季都有白蘿蔔可以食用，但是如果想吃好的白蘿蔔，手腳可得快一點，過了冬天，白蘿蔔就完全變了樣。回想幾年前，在有世界菜園之稱的山東，生吃過當地所生產的白蘿蔔，那清甜爽脆的滋味如同吃水果，直到現在，依然念茲再茲，其美好的滋味可見一斑。

蘿蔔原產於中國，有多個別名，如「萊菔」，在台灣叫做「菜頭」。它對人體有著極大的養生助益，因此民間有著「蘿蔔進城，醫生關門」、「冬吃蘿蔔夏吃薑，無需醫生開藥方」等等的說法，加上明代《本草綱目》作者李時珍對蘿蔔也推崇有加，主張每餐必食，說到：蘿蔔能「大下氣、消穀和中、去邪熱氣。」所以稱它為「小人參」也當之無愧吧！

蘿蔔製湯想必大家很熟悉，但是用來製作湯菜，知道的人可就少了大半。所謂湯菜意思是亦菜亦湯，湯菜二合為一，對於一人開伙或是想要偷懶的人再適合不過了。平日一人在家懶得煮大魚大肉，又不想花大錢當冤大頭，此時蘿蔔連過湯就是最好的不二選菜。這道蘿蔔連鍋湯，是傳統川菜中的四大傳統菜之一，過往老四川人記憶中最愛的第一順位是回鍋肉，第二順位非蘿蔔連鍋湯莫屬了。吃時，沾麻油豆瓣味碟（蘸料），佐白米乾飯，更是會讓人扒飯扒個不停！

坊間大部分的名菜多來自民間，經過宮廷或是坊間酒肆的模仿烹製才得以流傳發光，但是這道蘿蔔連鍋湯說是最普通的菜也不為過，沒有酒肆或是宮廷的加持，憑藉用料平實，不譁眾取寵，不講求選料精細，只取用隨手可得的食材，可說是經濟實惠，這就是大眾方便菜或是家常川菜主張的隨手主義，藉由廣大人民所撐起的四川大眾方便菜。這道湯菜原本是一般普通員工的伙食，製作方法從川菜師傅那邊偷學來的，看似簡單之中還是有些竅門。

許多人認為中菜毫無章法，不似西餐來得科學、嚴謹、容易操作等等，會這樣說其實是對中菜不夠瞭解，甚至是誤解。一般來說中餐注重的是定性烹調手法，是以宏觀來判定菜餚的當下狀況，是祖先們經過數千年累積的經驗與心血，堪稱是一門馭繁為簡的技法，或稱為藝術。只要掌握箇中精妙，則可一通百通，任憑食材特性如何變化，隨即靈機應變多可迎刃而解。與西方注重定量烹調手法，形成強烈對比。曾有人開過一個玩笑，尋常西方人多奉食譜為圭臬，一般婦人也以大匙小匙來作為添加調料多寡的根據，如此做菜個數年，看似無大礙，怎知某日這本食譜遍尋不著，這位婦人頓時手足無措，沒了食譜連做菜也亂了方寸，不知如何是好。當然這是玩笑話，卻也反應了部份事實。反過來說中菜的定性烹調也並非毫無缺點，那就是入門較為困難，學習曲線較為陡峭，讓初學者視為畏途，膽怯者遲遲無法進入，若不是有相當努力或是興趣則難以一窺這烹調藝術之堂奧。

中菜須知 

連鍋湯名稱來由

說法一：多半是掌杓師傅臨時創意出來的湯。連鍋湯最初應該起源于涮鍋水。在過往艱辛時日，炒了回鍋肉等肉食後，捨不得浪費鍋底殘留的油葷，就加一些清水到鍋中，放入白蘿蔔片，加點鹽煮熟。吃完可以不換鍋，再加點蔬菜繼續煮食，即連鍋之意。

說法二：就是連煮湯的鍋子一同上桌，湯不離鍋，此目的為增加菜餚的風味性，讓人有新奇之感，以鍋代碗。

說法三：所謂連過就是葷鍋（肉片與湯）與素鍋（菜頭湯）連著一起煮，故名連鍋湯。

## 主輔料與調味料

豬後腿肉 300 克
白蘿蔔 600 克
老薑 6 克
蔥段 12 克（約 1 根）
花椒 20 粒
味精 適量
鹽 2 小匙
白胡椒粉 適量（依喜好添加）
肉湯 5.5 飯碗（或加清水亦可）
豬油 4 小匙
紅油 1 碟（或麻油豆瓣味碟）

## 做法

1. 將肥瘦相連的豬後腿肉切成 5 公分長 ×3 公分寬 ×0.3 公分厚的片狀。白蘿蔔削去皮，切成 5 ～ 8 公分長 ×2.5 ～ 3 公分寬 ×0.3 公分厚。
2. 炒鍋旺火上灶，下豬油燒至五成熱，放入肉片，肉炒至略為窩盞狀（注一），肉片以炒杓推到鍋內一邊。
3. 放入老薑（拍鬆）、花椒炒出香味（也可加入肉湯之前加入）。
4. 加入肉湯、蔥段。
5. 加入白蘿蔔片、白胡椒粉，以中火煮把白蘿蔔煮至剛扒（注二）。
6. 假如要求完美，可夾去老薑、蔥段、花椒，加入味精、鹽，盛入湯碗內，與紅油味碟或豆瓣味碟同時上桌。

**紅油味碟：**

將醬油 5 小匙、紅油 4 小匙、香油 1 小匙 與少量味精兑成味汁，盛入味碟。

**豆瓣味碟：**

豆瓣醬 10 小匙 、香油 17 小匙。起鍋加熱，放入香油與豆瓣醬，低溫炒透。

注一：窩盞狀指的是，肉片經過煸炒，部分水分水流失，而產生略微脱水狀態，故肉片會卷曲成淺碗狀。喜歡有肉片較具香味嚼頭，可以炒的更卷一點。

注二：中菜若無特別聲明，胡椒一般指的就是白胡椒；白蘿蔔煮至剛扒，意指白蘿蔔熟後會成半透明狀，所謂剛扒意指柔軟但不過爛。 但有些人喜歡煮到白蘿蔔內部還未成半透明狀，而是有點白心，這樣的優點是白蘿蔔風味較鮮活。

# 酸蘿蔔老鴨湯

## 老友、老屋、老泡菜

每次回老家，總會拎著大包小件回上海，裡頭裝著都是上海市很難找到的東西，透漏了對家鄉的自豪感與出外人的思鄉之情。其實只不過是一些香料及調味料，其中包括花椒、自貢井鹽、二金條魚辣子等。「要這些地道調料，燒起菜來最正宗，吃來才巴適！」講到這句話時他得意的表情，連瞎子也可以察覺出來（四川方言的巴適或巴式，大體意義是：很好、舒服、正宗、地道）。

他姓李名濤，成都人，是幾年前待在上海的室友，初次聽到這些話語時心想四川人不會都這樣自負吧！後來漸漸瞭解，他有著典型成都人的天府心態以及盆地意識。事實上他們大多細緻綿軟，但也封閉自守、安於現狀，有樂觀的處事態度，但面對逆境時卻無比地堅韌。前些日子又到了申城，公幹之餘還有兩天的空閒時間，就去找這位老朋友，由錦江樂園站轉搭九號線地鐵，歷時四十多分鐘，在松江新城下車，再坐公交車轉了幾站才到達，下車時老遠看到小李已在路口等我。許久不見，還是老樣子，黝黑的皮膚，個子不算高，但結實精幹，老練的臉龐透露著靦腆。今日敍舊，雙雙都開懷地笑了。

小李搬家了，搬到更為偏僻的磚牆小屋，松煙墨色的屋頂，想必是用來防雨的煤油渣吧！門口坎著毫不起眼的雙板木門，看來紅漆斑駁有些日子了。這個地方較以往到上海市中心更不方便，也少了現代化的沖水馬桶，不過卻多了前後院的小菜園，種了一些尋常的野菜或辛

香料。內門屋簷掛著幾串乾辣椒，牆角擺著許多泡菜罈，大小不一，約十幾罈，猶如醬菜園，不只如此，屋脊樑上還高高地掛著四川煙燻臘肉與燻臘腸。看著成堆的泡菜罈，我笑著對小李說：「這麼多年，還是不習慣上海菜啊！」，小李悻悻然回答：「嗳，上海菜沒味！」。小李是川菜廚子，迫於無奈與同鄉兄弟離鄉背井到上海闖天下，他接著說：「自己是搞川菜的師傅，讓肚皮受委屈，豈非笑話？」蘇滬一帶稱讚勤儉持家的人為「蠻做人家个」，雖然小李只是思鄉嘴饞才做各類泡菜醃菜，也為了新鮮才種了些辛香料來犒賞自己，不過這種喜好與蘇州「做人家」的精打細算意思也相差無幾了。四川人製作泡菜，無論是項目或質量在全中國來說是一等一的棒，「沒吃過不知道，吃過的忘不了！」這句話應該是四川泡菜最平實貼切的形容吧！我由小李那裡習得了一種台灣市場少見的醃菜「泡酸蘿蔔」。廣東貴州也有泡酸蘿蔔，不過滋味不太一樣就是了。

今年春分的天氣依舊冷冽，往年這個時間早已消失的冬季白蘿蔔，還在菜攤前向我招手，又好又便宜，不買對不起自己，於是買了十斤回家泡一罈酸泡菜，直到前些日子才開罈，那味道可好的緊，決定用它來製作一道泡酸蘿蔔老鴨湯。我特地向小李獻寶，他嘴角露出一絲神秘的微笑，直指牆邊的老泡菜罈，說道：「那罈要等秋天鴨子添秋膘時，再好好熬上一鍋。」心想不愧是搞吃的行家。所謂「萊菔（白蘿蔔）可伏秋來燥，花月秋桂鳧正肥。」秋天吃泡酸蘿蔔老鴨湯，時令季節最佳。我不肯認輸回嘴：「我等不及了，管不了那麼多！」語畢兩人又笑開了。

松江的天空還是烏陰陰的，已經立夏了，仍不算熱，兩人的話題繞著吃打轉了許久。不自覺天色暗了，李妹子也在廚房內忙了一下午，雖然不是九大碗，但蒸頭碗、肉扣、雜扣、豬雜肚一樣也不缺，還有酸蘿蔔老鴨湯壓軸。待在老房子裡陪著老朋友繼續談著老罈酸蘿蔔，吃著龍眼燒白，彷彿天氣也一日挨著一日熱了起來。

CHAPTER 4

# 不變的地道口味

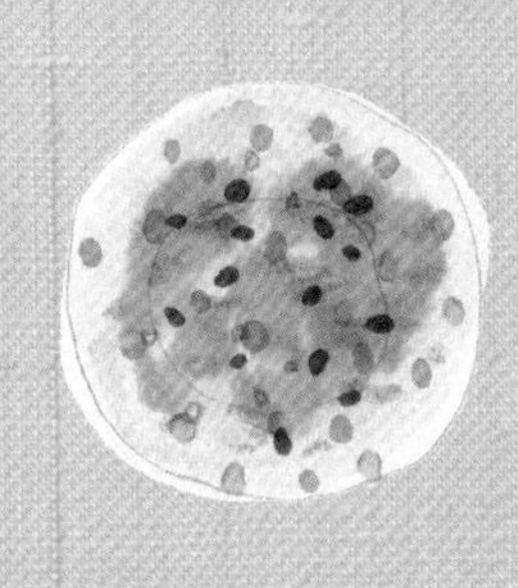

飲食典故可以說是菜餚的外衣，有史實，有杜撰，有無可考，如同各式各樣的外衣。但是可以知道，有些典故的外衣包裝會讓菜餚的內容更具豐富性，更多彩多姿。經典菜餚往往都有一個令人感到興趣的典故，典故意味著地道或是道地，其中意思就是「真實不虛偽」。

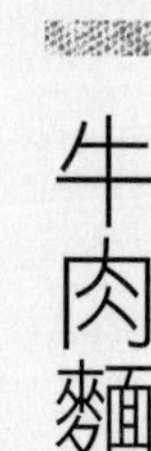

# 牛肉麵

## 塔城街，老台北老記憶！

「來大碗的！」一位男子向店家吩咐著，看來他彷彿是一位生客。不到一會兒功夫，擱在他前面的是一碗超乎尋常，甚至大過臉蛋的海碗。他大剌剌地端坐在略顯油膩又老舊的木桌上準備大快朵頤，頓時眾人目光都聚集在該名男子身上，似乎他察覺到自己成了週遭目光的焦點，低頭不語滿臉通紅，怯生生地拿起陳舊的竹筷，挑食海碗內的白麵條。

這條街，不論時值正午，或是華燈初上，總是車水馬龍絡繹不絕。這條賣麵的街不是很長，約莫數百公尺，但它承載著許許多多老台北人的舊時回憶。尤其是正值發育永遠吃不飽的大男孩們，到牛肉麵店吃到飽幾乎是可望不可及，然而到這裡才可以大啖牛肉麵。四五六年級前段班的男士們，以及當年吃不起高級餐廳的學生情侶們，也都會相約來這裡吃一碗實惠的牛肉麵，或許你已經猜到是哪一條街了吧！是的！就是大家口耳相傳的塔城街牛肉麵。

塔城街之塔城，是遠在千里之外的新疆地名，而在台灣它卻是往昔平價牛肉麵的集散中心。當年用餐環境不佳衛生欠妥而流行Ｂ肝，所以也有肝炎街的惡名，短短數百公尺內有近二十家牛肉麵攤，其間混雜著賣湯餃以及果汁的廉價攤商。

雖稱塔城街，實際上位於塔城街平行的鄭州路上。

該區域大部分為公有土地，屬於台灣鐵路局所有，為台鐵員工宿舍所在地，不過它還有一段鮮為人知的歷史。清光緒年間，台灣首任巡撫劉銘傳在塔城街一帶設置機械局、鐵道工廠，而後台灣割據給日本，此地繼續作為鐵道部及員工訓練所、宿舍，塔城街可以說是兼具台灣鐵路與牛肉麵的歷史足跡。

這條牛肉麵街之所以成形，據說是一位外省老伯想要賣好吃又實惠的麵食給附近的鐵路員工，而且又可以服務老鄉，也讓生活有著落。他賣的牛肉麵是外省口味、湯頭實在、牛肉很大塊、份量又多的麵條，即使無招牌也賣出名聲來了，隨後陸續吸引其它攤商加入，如本省籍的林胖、鄭州路牛肉麵等。

多年後，歷經七十年代石油危機、通貨膨脹以及中美斷交，生意因此起起伏伏，不過最後都挺了過來，怎奈就在二〇〇五年台北市政府送上了一張公文紙，攤商在毫無抵抗能力之下，牛肉麵店給拆除了。數年後曾舊地重遊，看到的是冰冷的鐵柵及圍攔，而老人與老狗仍

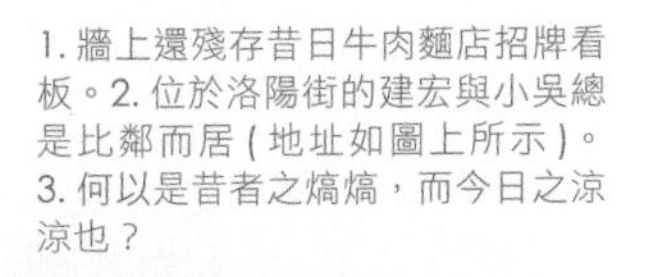

1. 牆上還殘存昔日牛肉麵店招牌看板。2. 位於洛陽街的建宏與小吳總是比鄰而居（地址如圖上所示）。3. 何以是昔者之熇熇，而今日之涼涼也？

1. 建宏牛雜麵。大蒜為吃牛肉麵最佳良伴。2. 黃澄澄的紅燒牛油是牛肉麵香氣的最主要來源。3. 美濃刀切牛肉麵館。

在附近散步徘徊，少數又偷渡回來的攤商依然坐落著，與昔日車水馬龍人聲鼎沸的盛況對照，只能感嘆世事無常，蒼涼之感油然而生。

隨著塔城街牛肉麵的突然消失，這些攤商還是要為生活謀出路，他們到哪裡去了？根據明察暗訪得知，有些店家拆遷後直接歇業，有的力圖振作未果，也有愈挫愈勇一開再開分店的店家。

某日特地到洛陽街吃建宏牛肉麵的牛雜麵，當年尚未拆遷前很少前往光顧，後來因為它遲至尾聲才遷離鄭州路，所以吸收不少老吃客。至於其他的店家未留下住址，我也無處尋覓了。

據我所悉，目前有三家自鄭州路轉戰洛陽街的牛肉麵店，分別是建宏、老劉以及小吳。每次經過的時候，空氣中總是瀰漫著麵香以及特殊的牛肉氣味，一轉進即使閉著雙眼也能知道這裏賣啥，彷彿時空倒轉又回到與表哥們相約去塔城牛肉麵街的孩提時光。

牛肉麵與牛雜麵兩者相較，牛雜麵一直是我的最愛，或許是愛內臟的香味，牛肉吃多了反而不愛。只要是熟門熟路的人在這裡吃牛肉麵，一定先找個位子坐下來，再吩咐店家要啥麵，大碗或小碗，麵條粗或細，接著隨手拿起幾顆大蒜剝了起來。待麵端來，隨即付款，每個桌上都有一碗公黃澄澄的紅燒牛油，讓客人自行取食。我會取一小勺加入牛肉麵碗內，畢竟有膽固醇的顧慮加一點意思意思，再滴幾滴白醋。這裡一般都供應兩種醋，萬字牌白醋與老人牌鎮江醋，加白醋則湯味增鮮，加鎮江醋則湯味鈍濁，這點是我個人喜好，僅供參考。

有一點我就不明白，曾幾何時吃牛肉麵要加酸菜？其實酸菜不難吃，但是加在牛肉湯裡會壞了整碗牛肉湯，鮮味頓時崩解，還會有串味等等不利後果，諸君細細品嘗就知虛實，不可不注意。如果嗜酸菜如命者，就無須搭理了。牛肉湯所瓢下的牛脂肪，也就是牛肉麵香氣的最主要來源，不加就可惜了，另外一般店家還會供應鍋底牛油讓客人隨意取用，也就是色澤更深的底料渣，行家大多會再淋上幾滴白醋，讓牛肉麵的滋味妙不可言。

還有不落戶於洛陽街的美濃刀切牛肉麵，當年生意頗為鼎盛，我也常常前往光顧，自從拆遷後分成三家店面，台北有兩家，三重一家，他們也是最早使用高溫洗碗機的攤商，財力雄厚，無怪乎生意一直很火紅。

目前以建宏、小吳以及老劉三家來說，老劉經營的最好。林胖以及無招牌老店則是杳無音訊，難道最精細的老滋味就此斷了傳承？我總是抱著一絲希望，有一天突然在某處發現並重溫那個過往的老滋味。

相信台北的市民多少清楚，塔城街鄭州路拆遷之後，造成台灣的特色牛肉麵街就此消失，有人諷刺並笑稱行政單位舉辦牛肉麵節，卻不保牛肉麵街。牛肉麵節上百上千家的牛肉麵，豈是一般民眾想吃的牛肉麵？

# 生爆鹽煎肉

## 廚子吃的打飯菜

廚子成天泡在廚房，除了做出一道道精心調製的得意之作外，還有吃不完的山珍好味，此外，他們對各類食材的選擇與運用也都充滿創造力與想象力，最重要的是還有如同名廚一般不錯的豐厚收入，如此迷人的工作對於割烹之術有一絲絲興趣的人來說，難保不心動吧！

假如有上述遐想真的是大錯特錯，成功的例子只能說是鳳毛麟角。多數的廚師，不，應該說絕大多數的廚子都對烹飪有無比的熱情，也懷抱著有一天能擁有自己餐館的夢想而持續在工作崗位上努力。有人說「怕熱就不要進廚房」，這句話並非空穴來風，尤其夏天站在爐鑊鍋鏟邊，不僅揮汗如雨，加上炮爐的嘶吼聲以及震耳欲聾的排風聲響，可以說廚師這工作真的不是人幹的，以上感悟是我的親身經歷。

此刻我正坐在大木桌邊，捧著海碗吃著給員工吃的大桌菜，與顧客花錢吃的貨色如雲泥之別，那種差別感讓人深感絕望。大多是幾天前沒賣掉的次貨，或是出錯菜，或是客人不滿意退回來的菜，前一餐沒吃完，冷菜熱炒，下一餐繼續接著吃。

人說最難吃的餐飯便是冷飯冷菜，還有就是了無心意的烹調。一般打飯是由一定能力的二手或是三手廚子輪流烹煮員工餐，如果當班的廚子前晚被老婆數落一頓或賭博輸了錢，隔日做起菜馬馬虎虎，不是太鹹，就是淡而無味，炒個菜也會夾生（指食物內部未熟）。當一個廚師沒了熱情做什麼菜都少了一味，那就是「不到味」。

那日看見李毅忙著打飯，他是準頭手，本來不需要上場打飯的，因為一些人被調去冷凍庫支援，所以例外地幫忙打飯。李毅是劉師父的外甥，原本是學粵菜出身，被老劉叫過來學川菜快兩個年頭了，也算是我的師兄。他為人內斂，總是和顏悅色，不過卻懷著一般廚師擁有的藏私本性，每每談論調理手法時，他總是鴨子吃黃鱔吞吞吐吐，這點與老劉的做法相較顯得極端。李毅能在幾年內當上川菜頭手，除了自身擁有扎實的粵菜工夫底子，又經過老劉的特別照顧，自然技高一籌。李毅打飯的餐菜色味道可圈可點，其中一盤生爆鹽煎肉的好滋味無需多說，是桌上第一個被掃光的菜色。

鹽煎肉是回鍋肉的姊妹菜，因為它們的味型同樣都屬於傳統家常味型，用的部位也同樣是坐臀肉或是後腿肉，不是目前流行的五花肉（建議五花肉尾端瘦肉較多也是不錯的選擇）。兩者不同的地方是，一、回鍋肉是肥多瘦少而且要帶皮，經水煮過初步軟化，所以吃起來是軟糯化渣。二、而鹽煎肉是不帶豬皮，直接煸炒收乾部分水分，所以吃起來瘦肉較有嚼頭但不頂牙，也比較鮮香濃郁。三、鹽煎肉主要是以豆豉來顯現風味，而回鍋肉是以甜麵醬以及豆瓣來凸顯風味。

事後我問了李毅要怎樣才能炒好鹽煎肉，這次他居然爽快地將做法全盤托出。人說江湖一點訣竅，只在於是否知曉，菜品的成敗在於選料以及火候。鹽煎肉屬於生炒法，一般是將肉片切成兩公釐厚，肉片要厚薄適中，太薄易碎，太厚炒製時間拉長，肉質容易老韌。下肉片要以旺火快炒，這時候撒點鹽是要定下底口（底口是指賦予肉片的基本味），如此可避免炒好後肉是肉，醬是醬，簡單說就是避免不入味。再來是加油熱鍋，肉片下鍋，旺火炒至表面水氣已乾時，可以看到鍋中油脂變得更多，這就表示肉的水分炒得差不多了。轉中火，下薑片與料酒，接著下郫縣豆瓣、豆豉與白砂糖，炒至底油呈紅色就表示豆瓣已經炒透，最後下青蒜速炒，一般不超過十秒，斷生即可。只要照著上述方式多做幾回，只要你願意，正宗四川第一菜隨時可以出現在餐桌上。

## 主輔料與調味料

豬腿肉（不帶皮）200 克
（肥：瘦以 3：7 為佳）
青蒜 60 克
郫縣豆瓣 2 小匙
鹽 1/8 小匙
豆豉 2 小匙
紹興酒 2 小匙
白砂糖 1/4 小匙
老薑 3 或 4 片
（拇指大小）
豬油 3 大匙

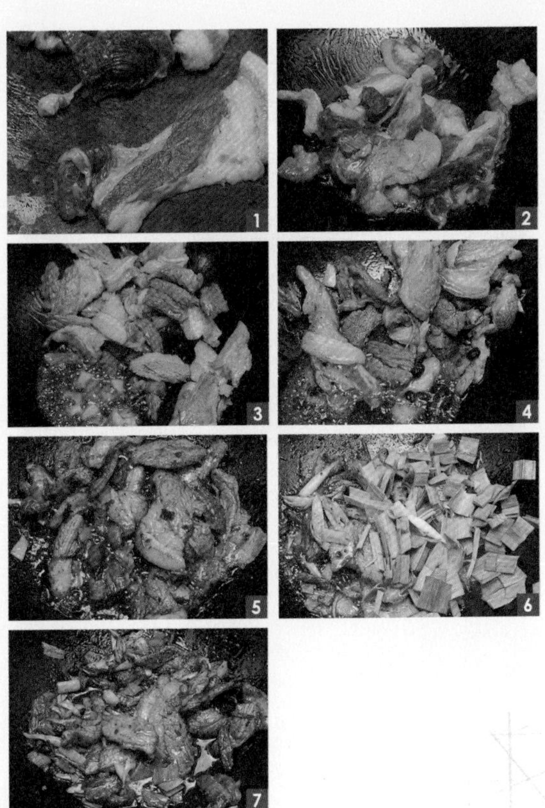

## 做法

1. 豬腿肉片切成 6 公分長 ×3 公分寬 ×0.2 公分厚大小。青蒜梗斜切成馬耳朵狀，蒜葉切三公分長段。老薑切成指甲片狀。郫縣豆瓣與豆豉切細備用。
2. 炒鍋置旺火上，倒入豬油，放入豬腿肉片煸炒，加入鹽。
3. 炒至豬腿肉片水分已乾，吐油，放入老薑與紹興酒，略炒數下。
4. 接著放入郫縣豆瓣、豆豉、白砂糖。
5. 再炒至底油部分呈紅色。
6. 放入青蒜略炒。
7. 待青蒜斷生，即可盛盤上桌。

### 到味一點訣

1. 豬腿肉片下鍋煸炒時，下油要減量，因為煸炒後，豬肉還會繼續吐油。肉下鍋快炒時撒上一點點鹽，是為了讓豬肉片保有基本味，避免肉是肉、醬是醬而不入味。
2. 成菜要求：豬肉片軟嫩，青蒜脆嫩，鹹鮮微辣，棕紅光潤。

# 川味宮保雞丁

## 「宮保」構成三要素

前些年，曾在台灣的一些主流料理界親耳聽到好幾位大廚説宮保就是乾辣椒，本來以為是口誤，聽了幾次不得不相信他們真的如此説。由於之前從沒聽過，為了慎重起見，我告訴自己先放下成見，問川菜老劉師傅以及其他師傅是否有聽過這樣的説法。眾師傅不僅未曾聽聞，而且以訕笑的口吻反問：哪裡聽來的渾話？我不敢告知這訊息從何而來，只能無奈地感慨，這不就是雞屁股上栓根繩，扯蛋嘛！

台灣早期從事廚務的人，大多家境清寒或不喜歡讀書，早早就投入生產工作，那時的技藝學習一律是師徒傳承制，師傅很有威嚴，只要徒弟不聽話或是不夠機靈，被飽以拳頭時有所聞，那時做徒弟只能專心努力學習，把師傅的那一套功夫一五一十地複製過來。然而世道不同了，現下還有廚師專業學校，並在南台灣成立了大學科系。可惜的是這些師傅，有些觀念與做法沒有與時俱進，要是老鼠扛大米，窩裏逞能也就罷了，居然還上媒體傳播錯誤的知識。會有這樣的誤解，很有可能如同開陽白菜的開陽對應為蝦米，而宮保雞丁的宮保對應為辣椒乾的邏輯。

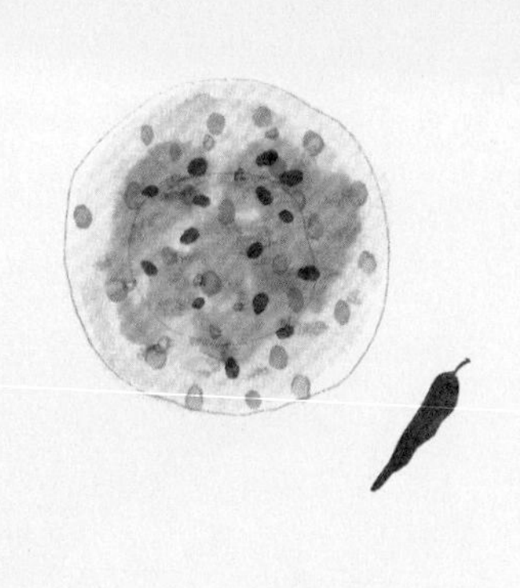

宮保雞丁屬於哪個菜系，直至目前為止爭議頗大，依然是各說各話，不過「宮保」一詞的來歷卻說法一致，一般認為與丁寶楨有關。丁寶楨是貴州人，咸豐年間的進士，任山東巡撫，後任四川總督，一直以來他嗜吃辣椒與豬肉、雞肉爆炒的菜肴，在山東任職時，命家廚做「醬爆雞丁」等菜，極為適口。調任四川總督後，每次宴客時，家廚都用花生、乾辣椒和雞丁炒製，味鮮肉嫩頗受同僚好評。後來因為戍邊有功，朝廷封他為太子少保。

太子少保一般簡稱為宮保，所以丁寶楨的同僚都稱他為丁宮保，其家廚烹製的炒雞丁，因此被稱為「宮保雞丁」。中國大陸的山東省與四川省有兩、三個主流版本的食譜，唯一的差別是山東版的醬香味較四川版濃。

可惜的是，中國海內外還是有些山東餐館不清楚宮保雞丁的原由，誤稱為「宮爆雞丁」，把宮「保」雞丁寫成了宮「爆」雞丁，翻遍魯菜所有技法，尋不得宮爆的烹飪手法。再說山東菜做宮保雞丁的時候，用的是豆瓣醬或豆醬（又稱黃醬），而川菜中的宮保雞丁，不用豆瓣醬也不用黃醬，只用花椒與辣椒乾，因此川菜的宮保雞丁有麻味，山東的宮保雞丁則無。

正宗川菜最常使用的技法是小煎小炒，也就是製作時一鍋倒底不換鍋。可是在時間就是金錢的工商時代，專業廚房把雞丁下低溫油炸，斷生即撈起，再下芡汁炒成菜，也就是小煎小炒是不滑油，以生雞丁直接拌炒，下辛香料，再下芡汁拌炒，一氣呵成，芡汁的味道可以完全地滲入雞丁之中。這是雞丁用油炸方式不具備的優勢。當然，大多數的家庭不需要為了出餐效率而犧牲了滋味，還是選擇不滑油的烹調法來得美味，時間就該浪費再美好的事物上，可不是嗎？

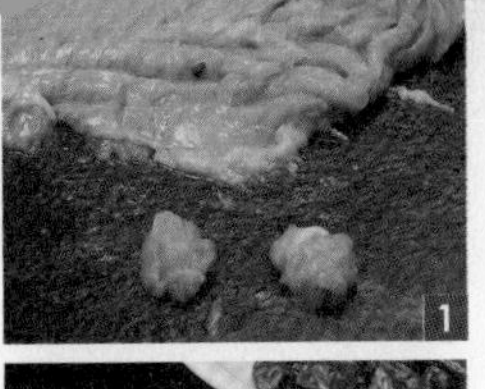

## 主輔料與調味料

**材料**

雞胸肉 250 克

花生米（炒過的）50 克

**調料**

蔥 3 大匙

薑 7.5 小匙

蒜 3 小匙

乾辣椒 10 克

花椒 2 小匙

紅醋 3 小匙

醬油 1 小匙

白砂糖 1 大匙加 1/2 小匙

鹽 3 克

米酒 1.5 小匙

地瓜粉 3 小匙

高湯 8 小匙

味精 1/4 小匙

混合油 0.5 杯（豬油：植物油 = 1：3）

## 做法

1. 先將雞胸肉輕輕拍鬆，間隔 0.3 公分切十字花刀，再切成 1.5 立方公分的雞肉丁。將雞丁放入碗內，加鹽、米酒、地瓜粉，碼味上漿。
2. 蔥、薑、蒜切成指甲片大小。
3. 辣椒乾去籽，切成 2 公分的長段。白砂糖、紅醋、鹽、米酒、醬油、味精、高湯、地瓜粉兑成芡汁。炒鍋上灶下混合油，燒六成熱，放入乾辣椒油炸。
4. 乾辣椒燒成深褐色之前，加入花椒略炸。
5. 乾辣椒呈深褐色時，放入雞丁，快速炒散 。待雞丁一變色，加入蔥、薑、蒜片，炒出香味。
6. 烹入芡汁，待水分約略濃縮，會顯現出油亮感，即收汁油亮。
7. 最後放入炒過的花生米，翻炒出鍋盛盤即成。

### 到味一點訣

1. 雞丁最好大小一致，這樣口感才不會老嫩不一。
2. 荔枝味判斷方法 ，酸出頭，甜收口，簡單說就是酸重於甜味。若相反則做成了糖醋味，這對宮保雞丁的荔枝味判斷依據來說是明顯不及格。
3. 花椒只要炒到棕色即可，炒乾辣椒要小心不要炒焦。炒焦口味會發苦，若沒把握請把火轉小，但火力太小只麻而不香。

# 臘味雞腿煲仔飯

## 值得等待的臘味香

眼前蒸汽騰騰的秈粳混合米飯，正在炙熱的煲仔內吱吱作響，飯上鋪滿一層臘味，周邊還點綴著數片青菜。我夾起一片厚約一分厚（約零點二公分）的廣式臘肉，面對著光線，半透明脂肪透射著淡褐色的光線，放入口中細嚼，滲出的肉汁富含山西汾酒的濃郁香氣，再夾起一片加了天津玫瑰露製做的香膶腸（注1）放入嘴裡咀嚼，有一種起沙感以及豬膶的甘香，伴著一股生抽澆在火熱煲仔表面所蒸發出來的豉油香，這些迷人的香氣無疑是美味的保證。

這就是臘味煲仔飯，煲仔即砂鍋之意，是廣東人的稱呼法。這種簡易飯食原本是人力拉車夫四處營生時，為了解決餐食，索性在拉車後掛上一只煲仔，無論在何處都能就地取材，生個火就能做出煲仔飯來充飢，沒想到它帶有稍許的飯焦香反而成為今日人們喜愛的特點。我的臘味煲仔飯的啟蒙不是在廣州，也不是香港廟街，卻是在台北市民生東路底的某家港式大排檔，雖說是大排檔，但卻是以餐館型態經營。

當日我點了原盅臘味飯，因為需要等待一會兒，所以也點了炸兩（炸兩為油條別稱，在館子裏用來稱呼腸粉鑲油條）以及鼓汁蒸排骨先祭祭五臟廟，約末過了十五分鐘原盅臘味飯上桌了。打開燙手的盅蓋，飯香與臘肉香氣迅速四溢，撥開臘味下摻混著臘肉油脂的白米飯，金光燦燦的，雖然不如臘味那般起眼，但是沒了它就不是臘味飯了。

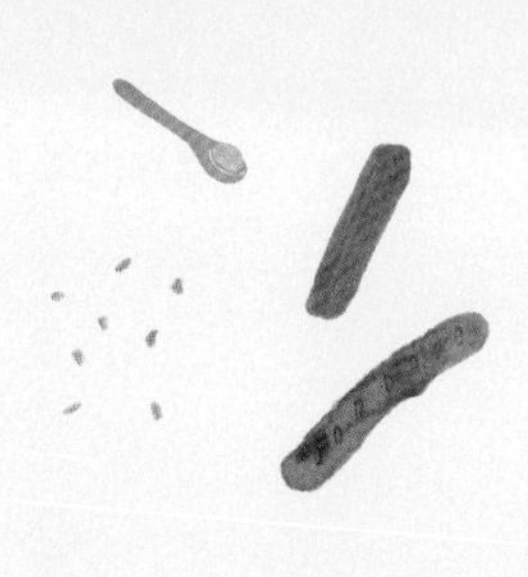

煲仔飯如同台灣的快餐，但種類更為豐富。對於講究吃食的廣東人或香港人來說，極為要求現煮這一道工序，想心急也不成，而且一定要使用煲仔，還要以炭火烹煮。經典臘味煲仔飯有三寶，就是臘肉、白油腸（或稱生抽腸）、臘鴨（或稱油鴨）。米則選用長形米粒的秈米，最著名的是廣東增城的絲苗米，也就是秈米，不過我認為上好的泰國香米也是不錯的選擇。

不論在香港還是在廣州，我比較喜愛經典的臘味煲仔飯、北菇滑雞煲仔飯、田雞黃鱔煲仔飯以及鹹魚瘦肉煲仔飯等等，但最喜歡的還是臘味。臘味，最早可以追溯到北魏賈思勰的著作《齊民要述》，其中烹飪篇就有提到脯臘和灌腸的製作。中國臘味家族主要分四大類，分別是風、煙、醬、酒等風味。「風」，是自然風乾產生的鹹鮮風味；「煙」，是以松柏煙燻肉類的風味；「醬」，是以甜麵醬先行醃漬，再行風乾；最後是「酒」，以白酒醃漬肉類後風乾，廣東地區就是以酒味為主，且以山西汾酒為首選。

廣式臘腸起源有一個說法，根據廣東省中山黃圃鎮鎮誌記載，廣式臘腸草創者是黃圃鎮賣粥的王洪。有一年陰雨連連，食材賣不出去，丟棄又可惜，所以用醬油、鹽、糖把豬肉、豬肝醃漬後，再灌入腸衣，販售後反應熱絡，供不應求，名噪遠近。也有一說是唐朝時期阿拉伯人或印度人遠赴中國經商時，從故鄉攜帶灌製肉品到中國，經廣東人食用後模仿而來的。

過往家中各式臘味大都是年節的餽贈禮，鮮少自己製作。餽贈禮大多是私家的仿製品，偶有來自於肉品大廠，但是大廠出品的量產臘肉總是風味不足，而私家仿製的雖然風味較好，選料也佳，不過價格就不讓人喜愛了。臘腸臘肉的製作也是有講究的地方，如機器風乾後香氣大失，比較講究的方法就是老老實實以生曬的工藝來製作，用陽光來增添香味，加上臘月的冷風可以保持肉類的鮮味，等待時間來慢慢累積滋味。

台灣雨季長，全年平均氣溫偏高，與廣東平地的冬季均溫相仿。台灣的二月最冷，也唯獨這個時節才適合製作臘肉油鴨等肉類製品。過往在長江以南區域都是在農曆十二月前後，也就是臘月，家家戶戶掛起許許多多等待風乾的肉製品。

我對食材很挑剔，不免俗地會在每一年的年前製作一批廣式臘肉與臘腸。時至今日，那臘味煲仔飯饞蟲又來叩我家大門，想想該把冰箱的臘味拿出來品嘗了。自古人們就知曉，以陳與鮮的食材組合來烹煮菜餚總是不會令人失望，如醃篤鮮的鮮筍與醃肉的組合。人說尊古不泥古，今日買了隻仿土雞，取下一隻雞腿，依循傳統也來個陳鮮配，做一道臘味雞腿煲仔飯。

中菜須知 

1. 膶為肝的代名詞，廣東人忌諱奸字，在粵語肝與奸字同音，故以膶（音潤）字替換之。
2. 「風」，是自然風乾產生的鹹鮮風味；「煙」，是以松柏煙燻肉類的風味；「醬」，是以甜麵醬先行醃漬，再行風乾；最後是「酒」，以白酒醃漬肉類後風乾。

## 主輔料與調味料

**材料**

泰國米（或長米（秈米））3 杯（電鍋米量杯）
廣式臘腸 3 條（切成 2 小段）
臘肉 8 公分長（切成 2 小段）
雞腿 1 隻
甘藍菜（或青江菜）3 ～ 4 顆（以滾水略燙過，冷卻備用）
清水 適量
植物油 適量

**醃雞料**

地瓜粉 1.5 小匙
鹽 3/4 小匙
白砂糖 1/2 小匙
特製醬油 1 小匙
紹興酒 2 小匙
植物油 2 小匙

**特製醬油**

生抽 4 小匙（一般醬油也可）
魚露 2 小匙
美極鮮味露 1 小匙
鹽 1/2 小匙
白砂糖 1/2 小匙
雞粉 1/2 小匙
水 1 杯（220cc）
以上拌勻加熱即可

## 做法

1. 清水浸泡泰國米至少 15 分鐘。雞腿在肉較厚處切開，加入醃雞料，至少 15 分鐘。
2. 泰國米用清水把多餘澱粉洗過，至多 2 遍，並加入少許植物油攪勻備用。在沙鍋底抹一層植物油，置於爐上起火。把浸泡好的泰國米倒入沙鍋中，並加入清水。水位線約高於泰國米面 1.5 ～ 2 公分左右。
3. 以大火燒開，先不蓋上蓋，見水沸騰，擺入切段廣式臘腸、臘肉、醃漬好的雞腿，並轉小火，並於鍋子內側淋少許植物油。
4. 約 15 分鐘開始有米飯香，取出臘味切片，雞腿切大塊。
5. 依喜好淋上特製醬油，建議 3 大匙，米飯略微攪拌，將臘味整齊排好再上蓋，以小火約蒸 5 分鐘，開始有臘味香即可熄火。最後擺上已汆燙的甘藍菜（或青江菜），即可上桌。

### 到味一點訣 

1. 用清水把米多餘的澱粉洗過，除了洗掉灰塵雜物，吃起來口感也比較清爽，米飯也較不容易酸敗。限制洗米次數是為了盡可能保留稻米的香氣。
2. 臘肉和臘腸不要先切薄片，因為容易捲曲變形。

# 白油肉片

## 吃它的鹹鮮味

我極少提及養生。説實在的，每個人都可以是養生高手，只要少吃一點以及不吃添加物食品，對健康都會有很大的助益。不過，除非家財萬貫只買有機食材，或者家中僱請專用家廚，否則很難避免遭到荼毒。現代人口爆炸，天然食物早就供不應求，為了滿足人們的口腹以及買得起尋常食物的能力，於是科學家研究改變食物的生產及供給方法，諸如食品添加的問題，足以輕易的危害身體健康。

既然不能加東加西，提升食物的鹹鮮味是個不錯的辦法，或者烹調成白油鹹鮮味也是另一個可行的選擇。我非常喜愛「白油肉片」這道菜餚，也常常做常常吃，它是四川的傳統家常菜，屬於白油鹹鮮味，一般用於炒、溜、爆的菜餚，如爆肚頭、溜雞片、白油肚片、白油腰花，都屬於這種味型。白油肉片是運用小煎小炒的手法完成。所謂小煎小炒，是以急火短炒，臨時兑汁，不過油，不換鍋為準。所謂白油，也就是豬油，過往多用純豬油烹製，但現在健康概念抬頭，改用至少以三分豬油與七分調合植物油的混和油來烹調。

夠資深的廚師都知道鹹鮮味看似簡單，可是要做的好還是要有點道行。因為這種味型的調料種類少，只有鹽、白胡椒粉、味素等兩三樣，也因為種類少更顯出烹調功力，很可能不是太鹹就是過淡，缺失立現，如果對這種味型烹調技巧不熟的人，可用瞎子過河法慢慢添加調料，但這也只限於冷菜可行，熱菜還是要一步到位，容許錯誤的空間不大，如果耽擱太久，肉老了，菜也黃了。

其中豬肉片先碼味這個步驟很重要，這樣做是給肉片一個基本味，或稱為底口，如果不做此步驟，則成菜後的肉愈嚼愈淡，滋汁歸滋汁，肉片歸肉片，感覺不夠入味。筍子碼味，只單以鹽調味也是同樣的道理。

這是一道快炒菜，要快、狠、準、穩。事前將調料材料準備好，多用些碟子分裝，免得炒時手忙腳亂。

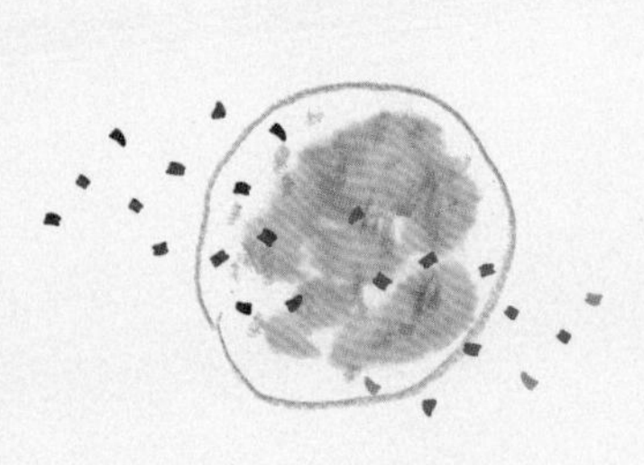

## 主輔料與調味料

豬肉 200 克（後腿肉或梅花肉）
筍子 80 克
（約半飯碗）
黑木耳 20 克
（約半飯碗）
泡辣椒 1 大匙
蔥 1 株
薑 30 克
蒜 2 瓣
豬油 2 大匙
沙拉油 2 大匙
高湯 7 大匙
地瓜粉 1.5 小匙
白胡椒粉 1/4 小匙
味精 1/4 小匙
雞粉 1/4 小匙
鹽 適量
清水 適量
紹興酒（或米酒）適量
太白粉 適量

### 到味一點訣

1. 優先選用泡辣椒可以倍增鮮味，若沒有泡辣椒，以一般鮮辣椒替代也可。
2. 筍片下鍋前最好先用少許鹽碼一下，這樣吃起來更入味 。
3. 雞粉可放可不放，若用高湯，雞粉則可以省略不用。
4. 起鍋前舀一勺油淋在菜上會好看得多，也是業內所謂的淋明油，這是館子裏的做法，此步驟可略。
5. 雖然傳統白油味不放醬油與白醋，但是這兩樣調料與筍片是絕配，可以變換口味，唯一需要注意是份量不要太多，有點微酸即可。
6. 下芡汁的方法，不是整碗倒下去，先下 2/3 碗後，再緩緩加入。如果濃稠度剛好，可不必再續加。

## 做法

1. 筍子切菱形塊，或比肉塊略小的形狀。泡辣椒切成馬耳朵片。黑木耳切成小片，以少許鹽先行碼味備用。
2. 用肥三瘦七的豬肉，切成 5 公分長 ×3 公分寬 ×0.2 公分厚的肉片，放入小碗中，加鹽、清水、紹興酒（或米酒）、太白粉水上漿備用。此時可加入一點液體油拌勻（如沙拉油），可以防止下鍋炒時沾黏。
3. 蔥切馬耳朵片。薑、蒜切指甲片大小。
4. 取一小碗，加入鹽、高湯（或用清水）、味精、雞粉、地瓜粉、白胡椒粉調成滋汁備用。鍋裡燒油，燒至四成油溫時下豬肉，不要急著拌炒。
5. 豬肉片下鍋後稍等 8 秒才開始拌炒，否則太早拌炒，未等豬肉片外層澱粉成形會導致脫芡，將使豬肉片口感差，黏糊不好看。
6. 待豬肉片炒散後，一見肉片全成白色時，立即推到鍋邊上。
7. 倒入泡辣椒片、薑片、蒜末、1/2 蔥片，以中火炒香後，倒入鍋中與豬肉片同炒。
8. 接著再倒入筍片、黑木耳片，翻炒 20 秒左右。
9. 最後倒入調好的滋汁（倒之前用勺子或手指和勻，否則調料全附在碗底），撒入剩下蔥片，略為拌炒收汁。
10. 淋明油，起鍋裝盤即可。

# 麻婆豆腐

## 不麻不道地

孩童時，由於家中喜歡吃豆類製品，耳濡目染之下也喜歡上各式豆腐菜餚，曾經花過許多時間琢磨，煎、煮、炒、炸樣樣都行，或直接烹煮，或混拌做成丸子。黃豆相關製品在過往歐美國家幾乎當作餵雞豬牛羊的糧食，如今卻成了寶，在養生風潮下，近數十年漸漸發光發熱成為熱門的養生材料。

早在二千多年前就發明了豆腐的製作方法，相傳是漢武帝的國戚淮南王劉安的一群門客當中有人無意中發現的。豆花、豆腐、豆乾都是同門親戚，不同之處在於水分的多寡，原料都是黃豆。而我們常吃的黃豆就是由毛豆曬乾而成。

所有的豆腐菜餚中，我最愛的非麻婆豆腐莫屬了。要做好麻婆豆腐，除了豆腐之外，還有兩個必要條件，一是四川郫（音：皮）縣的豆瓣，四川人稱豆瓣，不稱豆瓣醬；二是大紅袍花椒。有人問為什麼非要這兩種原料不可？台灣豆瓣不行？其他豆瓣就做不成麻婆豆腐？那個人還真的問對了。

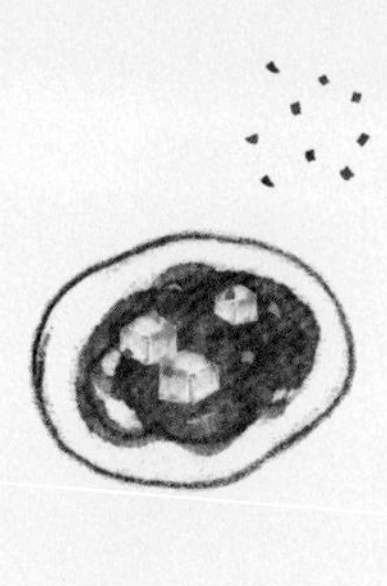

首先郫縣豆瓣全部是以蠶豆發酵釀造而成，與台灣以黃豆或黃豆與蠶豆混合發酵釀造的不同，雖然後者嘗起來甘甜，但香氣不如郫縣的豆瓣，用過就會知道所言虛實。至於花椒，當然是以大紅袍花椒為首選，常常聽說辣椒麻麻辣辣，事實上這是一個錯誤的形容詞，因為辣椒只有辣而不會麻，只有花椒才能提供麻的感覺。

上好的花椒，油質豐富且香氣宜人，四川或陝西的大紅袍花椒，或者茂汶花椒都是極佳的選擇，除了慎選花椒品種以外，花椒的新鮮度也是影響風味的決定性因素，假如儲存不當，或是儲存時間較久，即使是上選的大紅袍也是白粉洗烏鴉，無濟於事。好的花椒有一些外觀判斷的選購標準，不但要油脂、香氣足，也要一梗三果，也就是一梗有三個果殼，雜枝少的為佳。

有一次劉師傅拿一小把特級大紅袍花椒讓我長長見識，還告訴我是好東西，一小把要價十五元人民幣。由於之前常常使用花椒，自以為經驗豐富，於是隨手取了五、六顆放進嘴裏咀嚼，一時之間劉師傅面有異樣，告誡我不要咀嚼那麼久，我回了說：沒事！我常這樣做。原本一臉困惑的劉師傅，面部轉成看好戲的表情，沒過半分鐘，我心想不妙了，麻的後勁非常強烈，我不認輸地撐著，麻的威力不減反增，最後再也抵擋不住地把花椒渣吐了出來，這時候我的口腔好像打了麻藥一般漸漸失去知覺，馬上衝向飲水機想喝水解一解這難過的感覺，雖然劉師傅立刻前來阻止，不過我已經喝了水，並且回頭看了劉師傅一眼，說：喝水而已。劉師傅發現為時已晚，也不多說什麼了，回了一句：你很快就會知道。可想而知，我的下場當然是很淒慘，嘴巴麻的發熱發脹不說，喉嚨好像被人捏住，似甜非甜的味覺感讓人想吐，之後數個小時吃什麼東西都沒味覺，這就是我的特級花椒初體驗，應該沒有人想試試吧！

## 到味一點訣

1. 板豆腐泡鹽水的目的是要漂掉泔水（豆腥味）以及石膏味，保持板豆腐質嫩。
2. 炒豆瓣末與豆豉末的火力要小，否則容易燒糊。
3. 燒板豆腐宜用中火，盡量避免以鍋剷翻動板豆腐，否則容易弄碎板豆腐。
4. 若條件許可，花椒粉最好是現磨現用。
5. 這道菜傳統上是使用牛肉，但是我個人偏愛使用豬絞肉，肉質比牛肉好，不過香味則不及牛肉。

## 主輔料與調味料

牛絞肉 40 克
板豆腐 200 克
青蒜 8 克（約一顆）
辣椒粉 1 小匙
郫縣豆瓣 1 大匙（剁細）
豆豉 1 小匙（剁細）
花椒粉 1 小匙
鹽 1 小匙
辣椒粉 1 小匙
高湯 7 大匙
地瓜粉 2.5 小匙
豬油 適量
味精 適量

## 做法

1. 用冷鹽水煮板豆腐至將滾未滾即熄火，去除石膏味。將板豆腐切成 2 公分立方塊，瀝乾水分。
2. 青蒜切小段。
3. 起鍋，放入豬油將牛絞肉炒酥。
4. 放入郫縣豆瓣末與豆豉末，炒至油成亮紅色。
5. 放辣椒粉、花椒粉、鹽，炒到有香味。
6. 再放板豆腐和高湯，或淹沒板豆腐 2/3 為度。
7. 先加 1/3 地瓜粉調水，用中火燜成濃汁。
8. 加味精，再加剩餘的地瓜粉調水，不需全部使用，可視濃稠度增減來收汁。
9. 放青蒜段，撒上花椒粉即成。

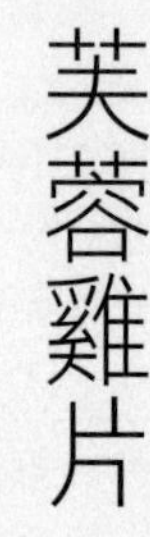

# 芙蓉雞片

## 不麻不辣的川菜

喜歡雞胸肉嗎？我想除了喜歡吃肉雞的年輕人以外，大多數人的答案是否定的，以仿土雞當例子，喜愛雞腿肉的人應該遠多於雞胸肉才是。過往，雞胸肉鮮少單獨出現在我家的餐桌上，一來是母親不喜乾柴的雞胸肉，二來是不知該如何烹調才好。

隨著進口五穀雜糧價格日益高漲，使得雞隻價格也像搭電梯直直往上飆躥，一隻雞少說也要花三百元以上。雞隻雖然貴，但日子還是要過下去，所以就把目光轉向較為便宜的雞胸肉，買了雞胸肉之後接下來要如何料理才不會吃起來又乾又柴？正在思考該如何處理時，母親特別囑咐切勿太老，否則能吃的大概剩下我自個一人了吧！

這讓我想起了一道芙蓉雞片，這道菜是國宴菜。可別以為國宴菜的製作程序一定很繁瑣，誤以為不是蔘鮑肚翅，就是非常了不起的大菜，其實並非如此。在中式料理中出現芙蓉一詞，大多與雞肉或是雞蛋清有關，將烹熟的雞片比作雪白的芙蓉花瓣飄蕩在萬綠叢中。

芙蓉有兩個意思：一是荷花，二是木芙蓉。蘇軾曾作詩：「千林掃作一番黃，只有芙蓉獨自芳。喚作拒霜知未稱，細思卻是最宜霜。」芙蓉雞片算是四川、湖南、安徽、山東與河北的傳統名菜，甚至淮陽一帶也有，不過做法和用料稍有不同。巧的是四川成都舊稱「蓉城」與湖南古稱「芙蓉國」都與境內遍植芙蓉有密切關係。

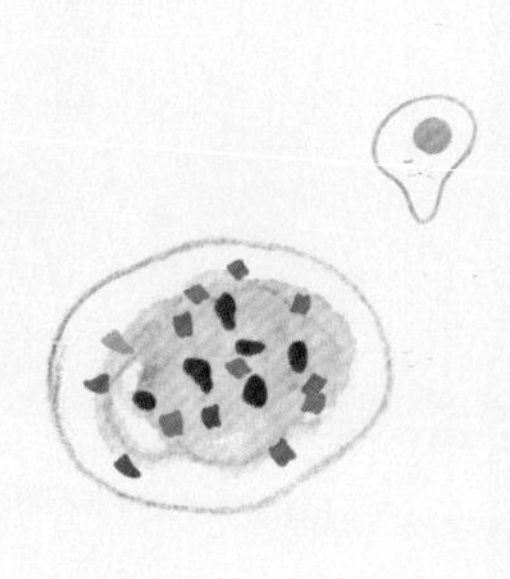

芙蓉雞片南北皆有，巧妙各有不同。該菜輔料使用了冬筍、火腿、高湯、胡椒粉，將這些輔料煮出味之後，再與雞蓉片一起略煮至入味。可能有人會以為這是淮陽一帶的用料與手法，但實際上卻是道地的四川料理，更是一道宴席大菜。翻閱相關菜譜與專文證實，它確實是傳統川菜，和一般印象中帶有麻與辣的川菜很不同。

四川菜最早可追溯至古代巴國蜀國，在兩漢時期就有初步的梗概，後來兩宋時出蜀傳至東京與臨安，遲至明末清初引進辣椒種植之後，才定型為現今認知的四川地方菜色。又麻又辣的川菜大多是下里巴人或碼頭工人的日常菜色，有道是：尚滋味，好辛香。

川菜由筵席菜、大眾便菜、家常菜、三蒸九扣菜、風味小吃等五大類所組成。而芙蓉雞片正是典型的筵席菜，經過精緻化之後躍然成為國宴菜，其特徵是既不麻也不辣的大菜，講求的是原汁原味，有古老巴蜀文化的特色。但是既麻且辣的麻婆豆腐、宮保雞丁、水煮牛肉、魚香肉絲等等，則偏民間家常菜或是大眾便菜，由於特色強烈，印象不深刻都很難。

烹製芙蓉雞片其實不難，原料與做法算是簡單，雖然有一定技巧，一旦了解要領，做起來很有成就感，此菜用來招待貴客，會顯現主人的巧思與誠意，值得學習起來。

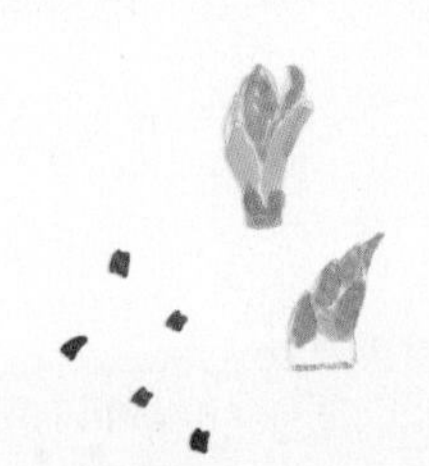

到味一點訣 

1. 這道菜主要特色是顏色潔白、質嫩鮮美、清爽可口。
2. 這裏用刀背捶雞胸肉的原因是，不要讓刀鋒把雞肉的雞理完全斬斷，肌理是散而不斷，這樣嘗起來口感會較富於彈性，一般業內說法，是口感活的，而不是死的。
3. 直接加地瓜粉容易讓雞茸結塊，所以先加一點水至地瓜粉裡調勻。
4. 注意雞片別炸黃，若是發現成品周邊有類似荷包蛋的焦黃邊，建議把火轉小一點，若太過焦黃了就成了洋芋片，而不是芙蓉葉。把成品撈到清水或高湯裡，目的是漂掉炸油，不用擔心雞片不熟，因 之後還有一次拌炒。
5. 一般餐館專業手法，需要菜色亮麗都會淋一點雞油或是豬油，使菜色明亮討喜。

## 主輔料與調味料

**材料**

雞胸肉 125 克（約 0.8 飯碗）

蛋清 3 個

青江菜 適量（或喜歡的青菜）

冬筍片 25 克
（切成 3 公分 ×2 公分 ×1 公分）

火腿片 15 克
（切成 3 公分 ×2 公分 ×1 公分）

紅蘿蔔片 適量

黑木耳 適量

**調料**

高湯 1.5 杯（分 0.5 杯與 1 杯）

豬油 至少 3 杯（建議 4 杯較好操作）

雞精 1/4 小匙（不喜可略）

鹽 1 小匙

粗地瓜粉 5 大匙

白胡椒粉 依喜好（建議 0.5 小匙）

紹興酒 2 小匙（分兩次用）

（步驟 3 和 4 可參考以下影音檔）
請見網路影音：
http://youtu.be/sUperxABZW8

芙蓉雞片 雞片製作示範 

## 做法

1. 將冬筍片切成 3 公分 × 2 公分 ×1 公分大小。
2. 雞胸肉去筋、拍鬆後。以刀背反復捶茸，加鹽，捶至極細雞茸為止。加高湯 0.5 杯、紹興酒 1 小匙、蛋清、粗地瓜粉調水成 5 大匙，邊攪邊加粗地瓜粉水，直到掛絲成稀粥般的糊狀即可。
3. 炒鍋上爐開中火，倒入豬油，燒到三成熱後轉小火。將鍋朝外傾斜使油集中離開自身一側，取大匙舀雞茸並攤入豬油的邊緣。
4. 接著將鍋朝內傾斜，使溫豬油淹過雞茸炸熟。
5. 炒鍋瀝去絕大多數豬油，倒入高湯 1 杯，放入火腿片、冬筍片、紅蘿蔔片、黑木耳、剩餘紹興酒、鹽、雞精、白胡椒粉。
6. 湯沸後，倒入炸好的雞片。青江菜略煮片刻。
7. 加入調好的粗地瓜粉水，做成薄芡，即盛盤上桌。

# 四喜烤麩

## 餐桌上的素食

在一般日子裡，餐桌上有魚有肉不成問題，但是蔬食方面就略顯單調，春節期間更是如此。家裡的長輩對肉食漸漸嚼不動了，需要軟糯的食物，這時麵筋是個不錯的食材。前些日子造訪無錫南禪寺，吃過相當可口的油麵筋湯麵，這是傳統的蘇式麵點，琥珀色的清湯是最主要的特色，麵條似龍鬚麵類的細掛麵，軟糯中帶著筋道，有一說法：好湯救不了爛麵條，顯見麵的質量對於一碗麵有多麼重要。

在江南，無錫油麵筋是主要特產，那什麼是油麵筋呢？其實就是花生麵筋的那種麵筋，是取麵粉加水揉成糰產生麵筋後，放入水裡洗去小麥澱粉，也就是製作叉燒包或燒賣的澄粉，剩下來的膠狀物就是生麵筋，經過不同的處理方式有不同的名稱，如水麵筋、管狀麵筋、烤麩、油麵筋、貼爐麵筋、臭麵筋等，生麵筋油炸過就是油麵筋。

上海的麵筋百頁湯，是以油麵筋鑲入肉餡與百頁一同放入熱湯煮製而成，一般稱為雙檔，而一麵筋與一百頁稱單檔，是一道極為實惠的大眾化小吃。

麵筋的吃法有許多種，烤麩就是其中一種，由於是經過發酵的麵筋，所以有較多的孔狀組織，利於吸收湯汁，入味效果好。相信吃過烤麩的人不算少數，這類麵筋製品在江南極為普遍，口味多數偏甜，對生在台灣的我來說尚可接受，但我的華北友人顯然不太欣賞，也因此每次吃飯總是幾家歡樂幾家愁。烤麩也算是頗受歡迎的長青菜，擺在餐桌上不久就盤底朝天，這對煮菜的人來說，無疑增加了一份成就感。

我經常在家煮四喜烤麩，所謂的四喜就是木耳、金針花、筍片、香菇，我還在其中加了花生。好的四喜烤麩是不能過甜的，近日台灣的上海菜都煮的太甜，雖然上海菜講究濃油赤醬，但也不須這樣過頭，這話自然有它的道理，甜也要甜的有個程度，太甜煮成了蜜汁烤麩不膩死人才怪！甜度的拿捏除了砂糖比例之外，還要注意冷食與熱食鹹甜度的差異，如四喜烤麩在剛製作好時，烤麩是熱的，這時候品嘗的甜度剛好，等待烤麩冷卻後再來品嘗，則甜度會下降，可能就會感覺滋味不夠，這點是特別要注意。

## 到味一點訣

1. 糖的多寡也可慢慢添加，加水蓋過烤麩，蓋上鍋蓋小火燒煮，燒製過程中間試試口味，酌情添加鹽和糖；燒至只剩少許濃稠湯汁時，上海人稱此為自然芡，可添加雞粉或味精調味（可略），起鍋裝盤。
2. 好的四喜烤麩，單吃烤麩要有吃滷肉塊的錯覺，濃純的烤麩香味與溫和的香料融合，好吃不膩口，尤其是筍片令人回味再三。撒上蔥花味道更添香氣，但是吃宗教純素的人可避免。

## 主輔料與調味料

| | |
|---|---|
| 烤麩 300 克 | 冰糖 5 大匙 |
| 乾香菇 4 朵 | 醬油 6 小匙 |
| 乾金針花 10 克 | 水 3 杯（約淹蓋過總材料） |
| 水煮花生 100 克 | 白胡椒粉 1/2 小匙 |
| 筍片 100 克 | 麻油 2 小匙 |
| 八角 1 顆 | 鹽 適量 |
| 黑木耳 適量 | 黃酒 適量 |
| 薑片 2 小片（約 1 公分厚） | 味精（或雞粉） 適量 |

## 做法

1. 乾香菇、乾金針花用溫水浸泡發開，撈出瀝乾水分。香菇切成四小片，縱切，或等份四塊皆可，香菇水留下備用。
2. 買來的烤麩為方形，若時間允許，可以用手工撕成四塊，較容易適口，也可吸收更多湯汁。
3. 起油鍋，放入薑片、八角，香菇片略微煸炒，炒至散發香味。
4. 將炸過的烤麩下鍋翻炒放入鹽、黃酒、筍片、水煮花生、黑木耳、醬油 6 小匙，冰糖 5 大匙，繼續翻炒。將先前浸泡乾香菇的湯水倒入，要完全淹過材料，不足以清水替代。
5. 最後完成 5 分鐘前放入金針花，因為金針花不耐煮。
6. 待燒至只剩少許濃稠湯汁，可放入味精（或雞粉），不吃味精者可省略。最後加白胡椒粉、麻油，即可成盤。

# 梅菜扣肉

## 獨缺南乳這一味！

前一陣子在房間東翻西找，把一箱箱裝著食材和調料的箱子拉了出來，就是遍尋不著，母親好奇地問：是在找什麼，翻箱倒櫃的？我沒作聲，繼續自忙自的，把尚未翻過的箱子一一拉了出來，經過幾翻弄騰，無奈最終放棄，確實找不著或者該說早已存糧告罄，一直疏於察覺，這是典型的倉儲管理不佳。

不過就是饞蟲上身，想要烤兩條蜜汁叉燒打打牙祭而已。忙了半天想尋找的只是一罐冠益華記南乳，想做叉燒就獨缺這一味，可是，南乳有這麼重要？說重要也不算，只是有些料理就是要用到它。從大到粵菜的琵琶鴨南、乳雞翼、南乳吊燒雞、蜜汁叉燒或是腐乳肉等浙紹菜餚，小到南乳雞仔餅、鹹煎餅等小吃點心，都會用到南乳。遍尋不著、徒勞無功之餘，心裡盤算著還是得找一天去市場採買，以備不時之需。

經過一陣慌亂找尋後，最終還是得自己收拾殘局，這時餘光掃到箱子旁挨著一個鐵製餅乾盒，好奇打開一看，彷彿是梅乾菜。問了母親後才得知，原來是多年前自家製的陳年梅乾菜，因為那年芥菜質地好又價廉，母親索性多做了一些鹹菜，多出的鹹菜就拿出來曬製，最後做成梅乾菜。經過這些年，梅乾菜的肉質依然呈現桂圓肉的色澤，表面還閃鑠著一顆顆的鹽分結晶，這時空氣中瀰漫著清新的醃菜氣息。

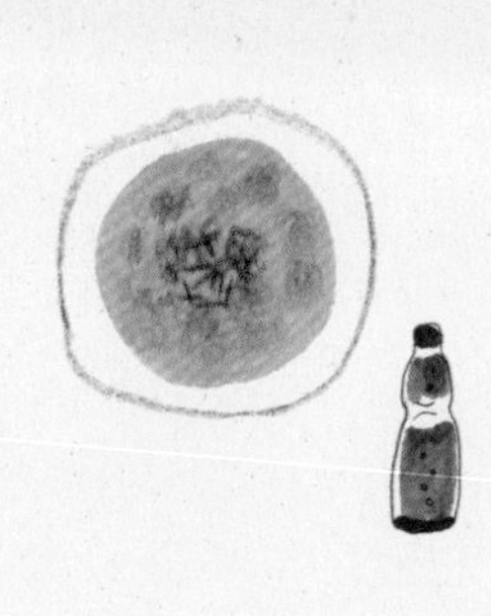

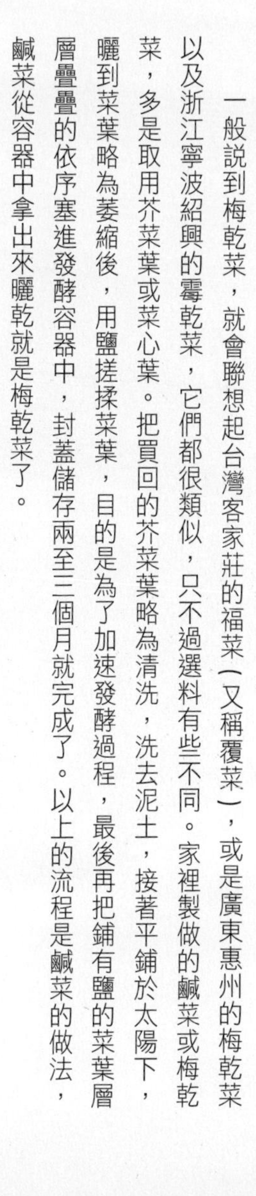

一般說到梅乾菜，就會聯想起台灣客家莊的福菜（又稱覆菜），或是廣東惠州的梅乾菜以及浙江寧波紹興的霉乾菜，它們都很類似，只不過選料有些不同。家裡製做的鹹菜或梅乾菜，多是取用芥菜葉或菜心葉。把買回的芥菜葉略為清洗，洗去泥土，接著平鋪於太陽下，曬到菜葉略為萎縮後，用鹽搓揉菜葉，目的是為了加速發酵過程，最後再把鋪有鹽的菜葉層層疊疊的依序塞進發酵容器中，封蓋儲存兩至三個月就完成了。以上的流程是鹹菜的做法，鹹菜從容器中拿出來曬乾就是梅乾菜了。

每年冬初，也就是菜園裡的芥菜或菜心盛產之際，母親就會考慮是否要製作鹹菜及梅乾菜。家裡不算經常吃梅乾菜，但是春節期間親朋好友相互走訪，總得事先做好一盆梅乾菜蒸豬肉（或稱梅菜扣肉）供作宴客，如果突然有訪客前來，也可做為應急之需，只要此菜一出無不賓主盡歡，是老少咸宜的一道美味佳餚。臨用時自冷凍櫃取出這道菜，放入電鍋蒸煮片刻，如同現做般甘美可口，不論直接吃或澆汁拌飯各有一番滋味。

隔天早上到市場走一趟，手裡已提了一罐剛買的南乳，進家門後又瞧見那個裝著陳年梅乾菜的鐵盒子，這時梅菜扣肉鮮香欲滴的影像如黃河潰堤般在我的腦海中蔓延。任性的從冷凍庫裡拿出五花肉，心想今天就是它了！久違了，梅乾菜扣肉。

家中的梅菜扣肉有兩種做法，一為客家浙寧梅（霉）乾菜扣肉，二為粵海菜系的梅菜扣肉，內含南乳以及較多香料，不屬於坊間主流，也不同於其他菜系作法。久蒸後，梅菜有肉脂甘味，五花肉有梅菜香味，肥膘入口化渣，梅菜氣味香濃。這道菜鹹香濃郁，有客家菜的刻苦滋味。記得父親曾說，先祖是來自中原，因五胡亂華氏族誅滅，政治動盪，無奈全氏族沿途南遷至嶺南，在廣東梅縣與福建上杭交界一帶安身立命。製作此菜當日也取部份分享給友人，友人說食畢思鄉的情愫湧現。當時的我則是默默的吃著，體會先祖們篳路藍縷的艱辛，思親之情湧上心頭。

## 主輔料與調味料

五花肉 600 克
梅乾菜 110 克
醬油 25 克
植物油 4 飯碗
南乳 1 塊
蒜 3 瓣
薑片 8 克
豆豉 5 小匙
鹽 1/4 小匙
紹興酒 1 小匙
花椒粉 1/4 小匙
白砂糖 5 小匙
高湯（或清水）8 大匙
地瓜粉 2 小匙（加 2 小匙水）
味素 適量
香油 適量
沙拉油 適量

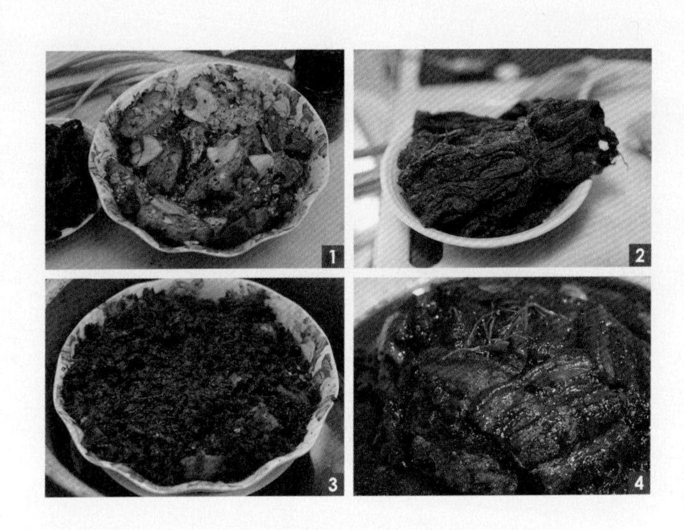

## 做法

1. 清洗——五花肉汆燙，清洗乾淨。
   上色——鍋內加水，再下鍋煮至八成熟，擦乾水分，趁熱塗上 1 匙醬油。
   炸製——將五花肉放入八成熟的植物油內，炸至皮色金黃後，撈出備用。
   碗扣——炸好的五花肉，改刀成 8 公分長×5 公分寬×0.5 公分厚，以豬皮那一面盡量貼近碗底。排好後，陸續加入豆豉、南乳（攪碎）、蒜泥、薑片、鹽、剩餘醬油與紹酒酒、白砂糖、花椒粉、高湯（若無高湯，清水亦可）。
   蒸製——放入籠蒸 40 ～ 80 分鐘，或蒸至五花肉酥扒為止。
2. 梅乾菜放入水中泡軟，切成細末。
3. 梅乾菜末加入白砂糖與適量沙拉油拌勻，鋪蓋在熟五花肉上面，繼續蒸 10 ～ 20 分鐘。
4. 澆汁——濾出湯汁，反扣入盤。原汁煮沸，加味素，用地瓜粉調水勾薄芡，淋香油。再將醬汁淋在五花肉的表面，成菜上桌。

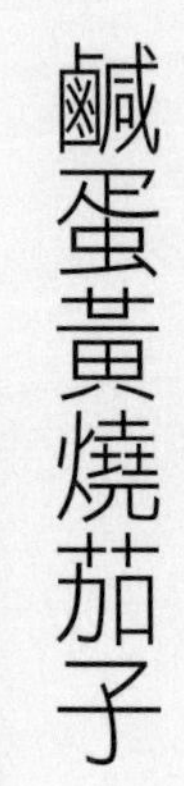

# 鹹蛋黃燒茄子

## 辣妹子的家鄉菜

處於亞熱帶的台灣，一年四季出產許多蔬果，種類繁多價格也好，可以說是價廉物美，尤其對台灣的居民來說，天天吃新鮮蔬果是再也平常不過的事，羨煞許多位於緯度較高的國家。其中唯獨茄子這項蔬菜，只要不是天寒地凍的地方皆可種植，全世界吃茄最多的國度就屬中國大陸了，反而茄子的原鄉印度則屈居第二。

茄子引進中國已有一千四百多年的歷史，在東魏時期出版的一部農業專書《齊民要術》中，記載著全世界最早的茄子種植技術。在台灣也有傳統吃茄子的習俗與諺語：「端午吃桃、茄子及菜豆，可以健康長壽」、「食茄吃到會搖，吃豆吃到老老」此語並非空穴來風，不論是中國藥典或是西方醫學研究都顯示，多食用茄子可以清血消腫，而西方研究則顯示多吃茄子可以預防心血管疾病，可以說是三高族與養生者的恩物。

茄子大概可以分三個大類，圓茄、短茄與長茄。不是所有的茄子外皮都是紫色，也有白色以及泰式料理中常見的淡綠色品種。台灣早年也有大量種植圓茄，但多作為外銷加工用途，後來台灣農業轉型，才漸漸轉種現今常見的長茄。在台灣，一年四季都可種植茄子，市場上所見多為屏東的胭脂茄（產季在冬、春天）與麻糬茄（產季在中秋以後）為主。一般料理以麻糬茄為佳，有快煮軟扒的特性，辨別的方法是手握茄子的花萼，並上下輕輕搖

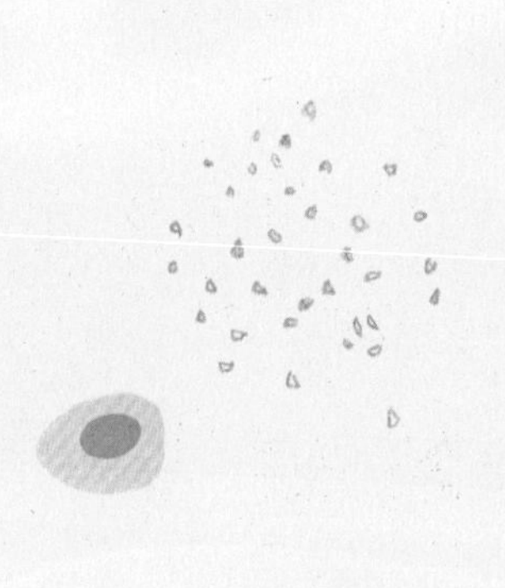

動整根茄子，若是軟趴趴就是麻糬茄，類似麻糬相當柔軟而得名，而胭脂茄，口感就較為難煮，也堅韌許多。

說起茄子的中外吃法，有煎、煮、炒、炸、燒、烤。中菜裡的作法也是琳琅滿目，不遑多讓，此次介紹的鹹蛋黃燒茄子就是最為經典的湘菜。湖南菜簡稱湘菜，菜色以水產與燻臘為主，口味以鹹香酸辣為主，其中薑豉味最為突出。現今中菜的分類是川湘同一家，川菜是麻辣，而湘菜是酸辣。鹹蛋黃燒茄子是老湖南教我的，是屬於地道傳統的溜炒湘菜，鹹蛋黃的鹹鮮濃香與氣味淡雅的茄子相互搭配，相得益彰而不串味，但這之中還有一個絕妙的關鍵，就是一定要加一點白醋，適量的醋可以添增香氣，還會有一些釀造物特有的甘甜，滋味妙不可喻。當然嗜辣的饕客，可以在溜炒的過程中再酌量添加一些青椒或是剁辣椒丁，但我還是建議無辣版本，自然是別有風味。

一般人認為茄子要有較多的油脂才會滑口好吃，這說法不假，以油炸或是燜燒都需要用到較多的油，偏偏有些人視油炸為畏途，除了剩餘油脂儲藏不便之外，又加上廚藝生疏，油溫掌控不得法，炸茄條成了吸油條。不過，吸油過多可以用一些訣竅來克服，那就是將茄條略微泡水後，裹上乾麵粉再下去油炸，炸好之後的茄條，吸油較少，型也較佳，不會軟塌不成形，是較高級講究的館子才會採用的手法，這就是江湖一點訣，所謂功夫，不說就是萬底深淵，一旦說破就不值錢。

## 主輔料與調味料

鹹鴨蛋黃 40 克
（約兩顆鹹鴨蛋）
茄子 200 克
蔥末 3 小匙
蒜末 3 小匙
薑末 2 小匙
鹽 1/4 小匙
味精 1/4 小匙
白醋 1/4 小匙
白砂糖 適量
太白粉 4 克
高湯 6 小匙
香油 2 小匙
豬油 2 飯碗
麵粉 適量

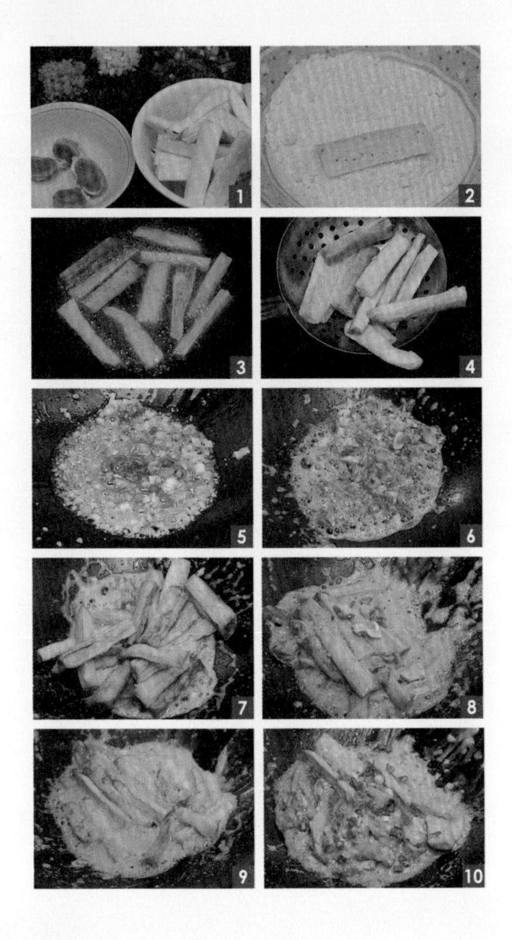

## 做法

1. 備齊所有的材料。將鹹鴨蛋黃切丁（蛋白不用）。茄子去皮（可略），切截面 1.5 公分見方的長條，泡清水備用。
2. 鍋內放油燒至七成熱，茄條裹一層薄麵粉。
3. 放入豬油鍋略炸。
4. 茄子很容易熟，表面略微金黃即可，撈起備用。
5. 鍋內放豬油，下入蔥末、薑末、蒜末。
6. 待炒出味，倒入 2/3 鹹鴨蛋黃，以小火慢慢炒散。
7. 鹹鴨蛋黃炒散會有起泡泡的現象，這時下入茄條，加高湯、鹽、白砂糖、白醋炒開。
8. 加入剩餘 1/3 鹹鴨蛋黃，以及味精調味。
9. 再用太白粉調水勾芡，可以逐次加入，並且看芡多或寡，以寧少勿多為原則。
10. 最後淋香油，撒上剩餘蔥末，盛盤即成。

到味一點訣 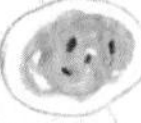

1. 炸茄條時要掌握好火候與油溫，除了蒸菜以外，茄子菜餚使用的油脂不能小氣，太少會不可口。
2. 蛋黃可分部分前後下鍋，如此才能味形兼備。

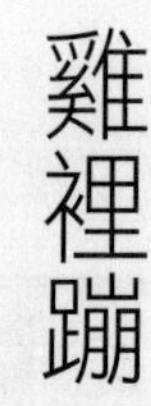

# 雞裡蹦

## 充滿想像的雙鮮滋味！

有一天與朋友閒聊中國名著《金瓶梅》中的菜譜，特別一提的是，其中的菜是魯菜，屬於魯西菜文化。魯菜即是山東菜，主要流派為膠東、濟寧、魯西、孔府、濟南等。談到魯菜，就不得不說說油爆菜餚，經典代表非「爆雙脆」莫屬。爆雙脆屬於濟南菜，又稱為「歷下雙脆」，因濟南兩千多年前稱之為歷下邑。

多數山東館子都具備講求火候的爆、炒、溜、炸的拿手絕活。在北京，有些山東菜餚被歸入北京菜系，加上山東菜又稱魯菜，因此稱為京魯菜。這種情形與上海菜一樣，許多來自於蘇浙的菜餚也被囊括到上海菜裡，其實上海菜的底蘊並不是那麼絢爛與多彩。

京魯菜主要以魯菜為骨幹，也是華北區域流行最廣的菜系。清朝時期，除了滿人之外，駐京的漢族朝廷大員多是山東籍，因此京城各大食肆特地高薪聘請山東藉各大名廚前來坐鎮，以滿足京官們的口腹之慾。以魯菜慣用「爆」的烹調手法來說，如果非專業人士，常常會順口説出爆炒二字，然而這樣説其實糢糊不精確，甚至是偏離事實，因為爆以及炒是兩種烹調手法。爆，是旺火將大量油脂瞬間加熱；炒，是中火將少量油脂徐徐加熱，有些地區稱煸。若再細分爆法，還有水爆以及油爆兩類，不過這又牽扯許多細節，就暫且不細談。

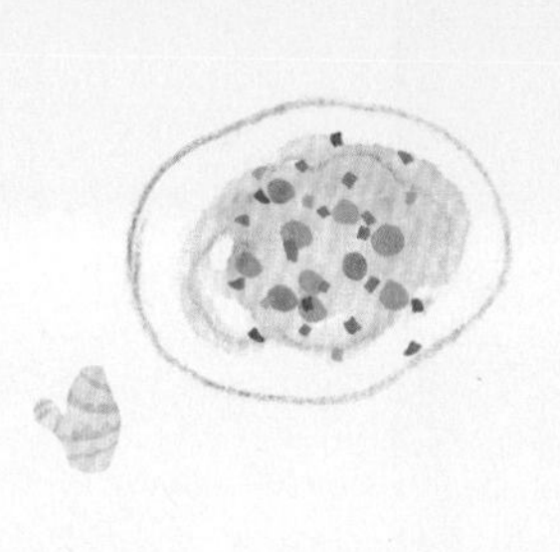

「爆雙脆」，有油爆雙脆以及水爆雙脆之分，材料相同，加熱媒介不同，各有不同滋味。爆雙脆用料單純，味型也是魯菜滋味常見的鹹鮮味。所謂的雙脆，傳統用料就是指豬肚頭與雞胗。一脆是豬肚頭，就是豬胃的賁門，一只豬肚只取肚頭一小部分，因為這部分肉厚質脆口感好；另一脆是雞胗，將雞胗剖開，去細石子，剝除雞內金（指雞胗（砂囊）的內壁薄膜，多用來入藥），再切掉內壁，切成十字花刀紋，這樣加熱後的口感可以化渣，又可以捲成菊花球狀，甚是好看。爆雙脆還有個別稱是「急裡蹦」，據美食家唐魯孫描述這個別名是載濤貝勒所命名。一天，載濤貝勒到北京東興樓吃飯，點了爆雙脆，一嘗就發現雙脆老嫩不一，問過灶上才知道問題出在胗與肚同時下鍋，於是濤貝勒挽起袖子親自下廚，兩位師傅一看貝勒爺親自入廚，在一旁小心伺候不敢怠慢，急急忙忙將灶火挑得老高，照指示下鍋烹煮，上桌品嘗時，色、香、味、脆兼具，好極了。濤貝勒指點有成，看見兩大師傅精神緊繃，便笑著說：瞧你們急裡蹦跳的，真難為你們啦！各賞錢二十塊。於是店家便取了「急裡蹦」的打趣名，自此變成東興樓「爆雙脆」的專有名詞。「急裡蹦」有個失散多年的孿生弟兄，稱作「雞裡蹦」，之所以說是孿生兄弟，全因為名字長得相似，但是主料與烹法卻不相同。急裡蹦是油爆，而雞裡蹦是滑炒。

據記載，康熙五十五年，康熙皇帝禦舟停泊在保定府行宮，大學士張廷玉與直隸巡撫等人侍駕，到了傍晚皇帝決定用膳，保定官府廚子宰了嫩雞，加上西淀水裏的上好蝦仁，炒了一道菜獻給康熙，吃過此菜後感覺有雞肉的鮮香，又有蝦仁的脆嫩，於是傳喚廚師問是何菜，廚師情急便想到鮮蝦蹦躍之形，加上內有雞丁，臨機一動便將此菜叫做雞裡蹦，康熙一聽，龍心大悅。雞裡蹦，這道菜如同老太太坐牛車，穩穩當當地存在於民間，假不了的事。雞裡蹦的味道總和了雞隻與鮮蝦水陸兩鮮的精華，菜名也取得活靈活現，栩栩如生。好吃就是王道，至於故事是真實或是杜撰，似乎也不那麼重要了吧！

### 到味一點訣 

1. 雞丁與蝦仁上漿不能太厚，太厚容易脫漿，賣相差，口感也不清爽。
2. 滑油時，油溫不能太高，一旦雞肉變成白玉色就要準備撈起，如果沒有把握是否已經熟了，可以取一塊檢查或吃看看。如果油溫太高，雞肉與蝦仁 容易過老，滑油時也容易沾黏成團。
3. 同樣做法把蝦仁改成肚頭，就成為「急裡蹦」。
4. 此菜原是用河蝦，如果河蝦取得較為困難，可以用白蝦替代。

## 主輔料與調味料

**材料**

雞胸肉 200 克
蝦仁 100 克
（此菜原是用河蝦）
蛋清 1 個
蔥 4 小匙
蒜 3 小匙
薑 2 小匙

鹽 3/4 小匙
紹興酒 4 小匙
味精 1/2 小匙
白醋 1/2 小匙
地瓜粉 3 小匙
高湯 4 大匙
豬油 3 杯

## 做法

1. 將雞胸肉切成 1.2 公分厚的大片，兩面淺切十字花刀，再切成 1.2 立方公分的雞丁。加入紹興酒 5 克、鹽 1 克、蛋清半個、地瓜粉 5 克攪拌，碼味上漿。
2. 蝦仁去沙線。加入紹興酒 5 克、鹽 1 克、雞蛋清半個、地瓜粉 5 克攪拌，碼味上漿。
3. 蔥、蒜、薑切成小丁。將高湯、味精、白醋、蔥丁、蒜丁、薑丁、餘下的紹興酒、鹽以及地瓜粉調成芡汁。
4. 炒鍋上灶燒熱，加入豬油燒製四成熱，放入雞丁滑散，撈起備用。
5. 再倒入蝦仁滑散，瀝乾豬油備用。
6. 炒鍋留底豬油 25 克，下步驟 4 的雞丁與步驟 5 的蝦仁，拌炒。
7. 接著烹入芡汁。
8. 顛炒均勻，出鍋盛盤。

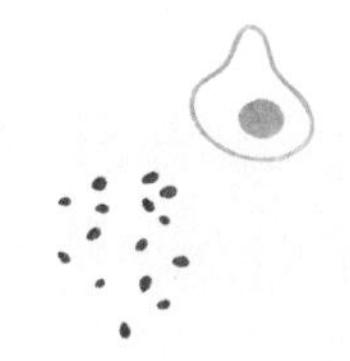

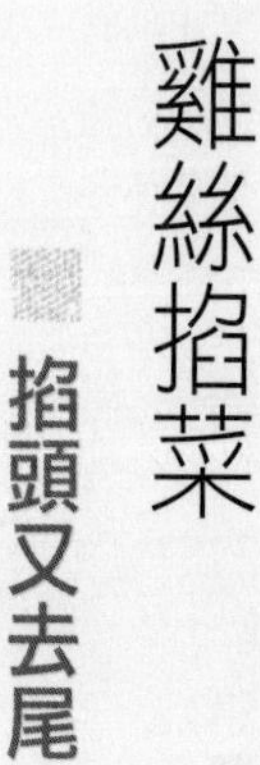

# 雞絲掐菜

## 掐頭又去尾

日前友人自江蘇至山東一代自助遊歷半個多月，然後依依不捨的打道回府返抵國門，一下飛機便打電話給我。他是極為虔誠的基督徒，不斷向我讚美主一路上無時無刻與他同在，當然也免不了分享美好的食物。我們是在曾經紅極一時的椰林烹飪版網聚上認識的，和他說烹飪與美食，等於是毛豆燒豆腐，碰上了自家人。

友人說在旅店裡遇上了即將要去夜觀泰山的學生，索性也拼了老命前去一瞧「鎮坤維而不搖之威儀」。泰山崛起於齊魯平原之上，為五嶽之首，以及為何古代君王總是選在泰山之顛封禪？自己也曾在泰安待了三天，天天瞅著眼前的泰山，總是提不起興致爬上千公尺長的階梯，而隔壁的「濟南孔膳堂飯店」雖然時時心神響往，但始終無緣一訪，其實是覬覦飯店內名聞遐邇的官府菜——孔府菜。

官府菜簡單說就是舊時達官顯貴吃的菜，有內廚與外廚之分。內廚是自家人吃的，而外廚是接待同僚貴賓或是皇親貴族之用。一般官府菜以隨園宴、譚家宴、東坡菜、雲林菜、譚家菜、段家菜、直隸官府菜以及孔府菜最著名。由於歷代君王不遺餘力的保護孔家文化，因此孔府菜也被完整地保存下來。孔府菜是歷史最悠久、體系也最完整豐富的官府菜之一，稱

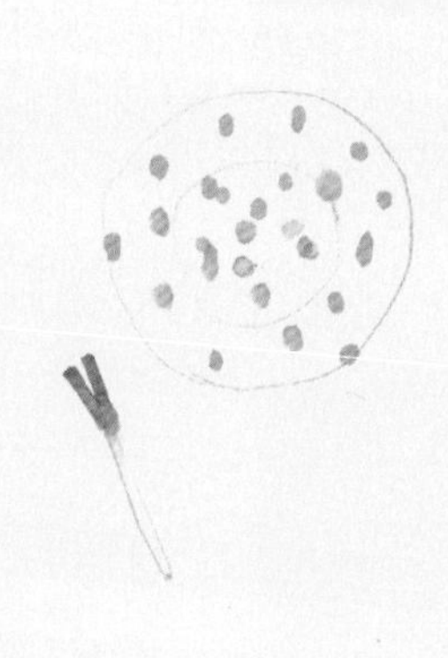

它為官府菜之首當之無愧。可惜最後的衍聖公孔德成離開孔府後，孔家菜廚師也跟著四散，正統孔府菜最終也畫下了休止符。

然而吃過當年正統孔府菜的人，即使仍建在，也肯定是兩鬢斑白的老翁。時下所謂的孔府菜，應該稱為仿古官府菜，或是仿古孔家菜，也就是仿照古代食譜創制的，多數是依照歷史殘片遺稿揣摩烹製，至於原味重現的程度有多少，或許永遠是個謎吧！

孔府菜內有一道油潑豆莛，相傳甚受乾隆爺喜愛。一次乾隆造訪孔家，當時雖不餓，卻想一嘗孔家菜的滋味，於是衍聖公便交代廚子，既要燒的有滋有味，又不可食後令人飽撐。這位廚子便想出一道名叫「油潑豆莛」的菜來，所謂豆莛就是綠豆芽梗，去根尾者叫如意菜，而去頭又去尾只取梗莖部分，則稱銀芽或是掐菜。油潑豆莛做法很簡單（熱鍋入油），放入少許花椒略炸出香味，將該油澆淋在掐菜上，當掐菜燙成白玉色，以鹽調味盛盤就可以了。

還有一道魯菜叫做雞絲掐菜，相傳也是官府菜，出自奉系軍閥張作霖的帥府食督，也曾創制了不少名菜，例如王府鹿尾、王府砂鍋、雞絲掐菜等，可惜雞絲掐菜的資料不算多，但依照它的烹製法來看，與孔府菜的油潑豆莛有些相似之處，說不定帥府食督的掐菜雞絲的製作靈感也是得自於油潑豆莛這道菜。

## 到味一點訣 

1. 切好後的雞絲要以清水略微漂洗，這樣成菜後才會潔白。
2. 吃漿上勁的意思，就是雞肉絲交辦後，雞肉絲吃了部分水分，變成好似有黏性，還有一點需注意，就是攪拌不要太過用力，因雞絲易斷，斷掉的雞絲易老，賣像也差。
3. 雞絲滑油時，注意溫度不可太高，油溫太高容易沾黏成團，太低容易脱漿。
4. 掐菜也可用熱油燙過，用汆燙過，比較不會油膩，但味道較為清淡。
5. 雞絲掐菜是火工菜，若可以全程使用最大火候，這樣掐菜才不會出水，成菜軟塌，口感不脆。

## 主輔料與調味料

**材料**

雞胸肉 150 克
綠豆芽 60 克
香菜末 2 小匙
蔥末 3 小匙
薑末 3 小匙
蛋清 1 顆

**調料**

鹽 1/4 小匙
味精 1/4 小匙
紹興酒 3 小匙
地瓜粉 2 小匙
高湯 5 小匙
花椒油 2 小匙
(低溫油炸花椒粒，花椒略微變成褐色即可)
豬油 4 碗
(或豬油與植物油是 1：3 的混合油)

## 做法

1. 雞胸肉先切大片，再順著雞肉肌理切成 5 公分×0.3 公分的長條細絲。
2 雞絲以清水略微漂洗。綠豆芽去葉去根鬚，成為掐菜備用。
3. 雞胸肉上漿碼味。做法是雞胸絲加入蛋清、鹽、紹興酒、地瓜粉 1 ～ 2 小匙、高湯 1 小匙，攪拌至吃漿上勁。取一小碗，將鹽、味精、紹興酒及剩餘地瓜粉攪勻，並與剩餘的高湯調成芡汁。另一爐，煮一鍋水備用。炒鍋放入豬油，燒至 3 ～ 4 成熱（約 50 ～ 100℃），接著要拿雞絲來滑油。
4. 上漿碼味過的雞絲，放入熱好的油鍋內，以筷子輕輕滑散，一變顏色，立刻撈起。把油倒出鍋子，鍋內留少許底油。
5. 掐菜放入煮沸的熱水中 2 ～ 3 秒後，隨即整鍋倒入漏勺，濾掉熱水，留下掐菜。
6. 熱鍋放入蔥末、薑末、香菜末，略炒數下。
7. 轉大火，隨即放入滑油過的雞絲與剛汆燙過的掐菜。
8. 倒入步驟 3 芡汁，略微翻炒拌勻。
9. 淋上花椒油，再顛炒數下，盛盤出菜。

# 金陵鹹水鴨

## 桂花開的季節

那一年十月我特地造訪南京，算一算應該是深秋的南京。到了中山陵瞻仰中國之父孫中山的陵寢之後，友人堅持要到花雨台烈士園林遊覽一番。園內有一片古梧桐樹，附近私人桂花林園內的上百株桂花紛紛綻放飄香，香氣甜美宜人。除了桂花開了，陽澄湖的大閘螃蟹也肥了，江邊的鴨子也意識到秋季遠離，冬季將至，紛紛啄食江底的螺螄魚蝦來儲存能量以利過冬，所謂「秋桂花香人欲醉，春江水暖鴨先知」。

蘇錫南京一帶的人對鴨子情有獨鐘，料理鴨子的方法如金陵烤鴨、燒鴨、板鴨、醬鴨、香酥鴨、鹹鴨肫等多不勝數。清代美食家袁玫原本是南京人，在他的著作《隨園食單》中也有板鴨、掛爐烤鴨的製作方法。相傳南京有一道桂花鴨已經飄香四百多年，鴨皮白、肉嫩、肥而不膩、香嫩鮮美。有人說桂花鴨是為了中秋前後所產的鴨子，這期間最肥美、色味最佳，又因為鴨在桂花盛開季節製作的，所以人們給它取了「桂花鴨」的美名，至於鴨肉有沒有桂花香，我沒嚐出來就是了。其實它的俗名就是鹹水鴨，或稱金陵鹹水鴨（金陵為南京古稱）。

前些日子友人從南京運送一隻真空包裝的南京桂花鴨肉回台，有幸獲得半隻分食。不過，南京桂花鴨是百年以上的歷史名菜，為了方便儲存、推廣行銷以及運送而使用了即食真空包裝，讓我或多或少有些心結，因此一開始對這隻鴨子有點排拒，但礙於情面也不好拒絕朋友的好意。母親看見是鹹水鴨，便興致盎然地取了一小塊食用，她裝有假牙，因此對於肉類一向不會多吃，可是這一次卻不同，一塊接著一塊，還頻頻讚許鹹水鴨香嫩，滋味鮮美，最重要是酥而不爛，吃起來一點也不費力，看樣子這桂花鴨不是浪得虛名。

金陵鹹水鴨的製作工序很嚴格，打從選鴨子開始就有規範，以秋季稻穀催肥、膘肥體壯的最佳。傳統製作工序從鹽醃、香鹵、吊胚、湯鍋抽絲到燜煮都馬虎不得，前人製作金陵鹹水鴨曾經留下口訣：「熱鹽醃，清滷復，哄得乾，焐得透，皮白紅肉香味足。」然而時代不同，每個地區的製作方法也不同，以上這些工序並不適用，只要能做出媲美金陵鹹水鴨的美味，即便做法有所調整也無妨，不是？

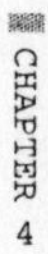


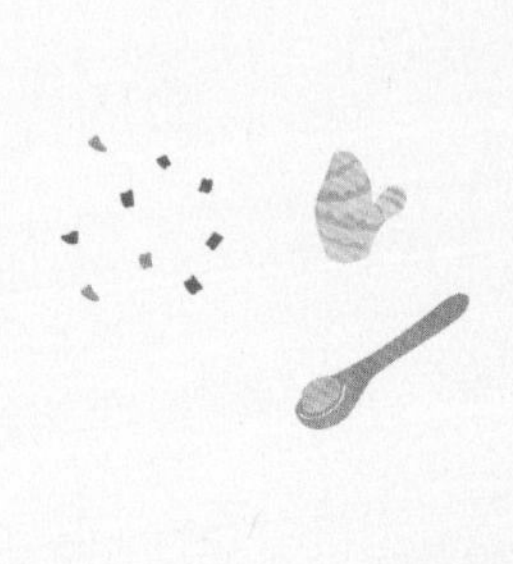

## 到味一點訣

1. 一般市面上有兩種鴨可買，有頭翅，或去掉頭翅(味道略差)。除非一般特輸規格，如北京烤鴨是開鴨翅腋下，不然都是開襠鴨。
2. 使用探針式的溫度計插入鴨腿的腹股溝處，深達骨頭關節處附近，要是到達82℃以上，其他部位就表示已經熟了。
3. 判斷鴨子或是雞隻是否煮熟，可以觀察鴨腿或是雞腿部分，只要是腿關節部位的皮肉往上收縮就是腿鬆，也就是表示熟了。

## 主輔料與調味料

**主料**

鴨 1500 克

蔥 2 株（20 克）

薑 7 小匙
（切成 2 公分 ×3 公分 ×3 公分的薑片）

麻油 適量

**調料**

鹽 125 克

花椒粒 1/2 小匙（約 1 克）

五香粉 1/2 小匙（可略）

八角 2 粒

香菜 適量

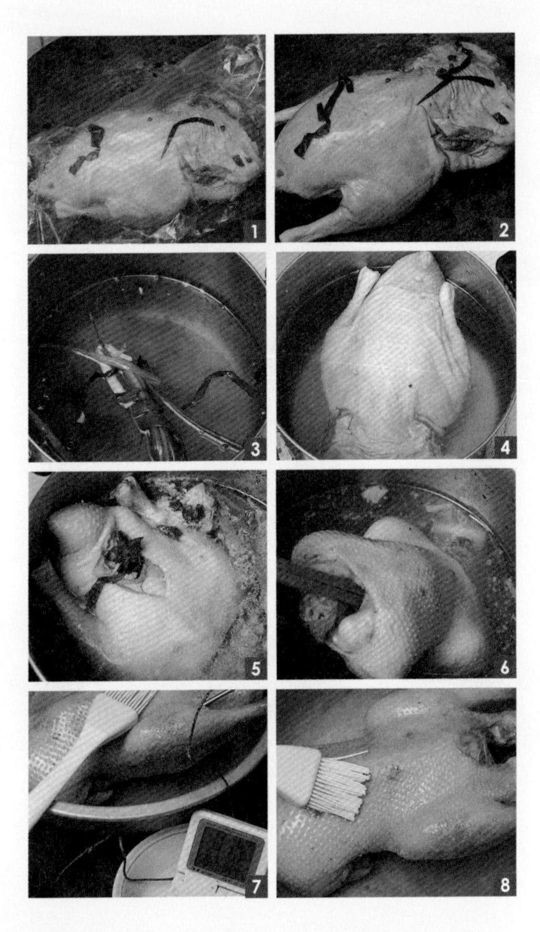

## 做法

1. 鴨洗淨瀝乾。把鹽、花椒粒、五香粉炒熱。把熱鹽填入鴨腹，並用熱鹽擦遍鴨身。先把一半分量薑片、蔥段及八角放入鴨腹內。若急用至少醃漬 2 小時，或是放置冷藏室醃漬 3 ～ 4 天。
2. 若鴨子從冷藏室取出，需在室溫靜置 1 小時。
3. 鍋中水燒沸，放入剩下薑片、蔥結、八角，保持微火。
4. 將鴨腿朝上、頭朝下放入鍋內。
5. 微火燜約 20 分鐘後，用旺火燒至鍋邊起小泡時，提起鴨腿，將鴨腹中的湯汁瀝入鍋內，再把鴨放入湯中，使鴨腹中灌滿湯汁，如此反覆 3 ～ 4 次。若買的是開膛鴨，則此前面步驟可以忽略。
6. 若湯汁沒有完全淹過鴨體，則需要上下翻轉，目的是要上下均勻受熱，再用微火燜約 20 分鐘取出。
7. 若是條件許可，使用探針式的溫度計，插入鴨腿腹股溝處，深達骨頭關節處附近，要是到達 82℃ 以上，其他部位就已經熟了。
8. 瀝去湯汁，抹上一層麻油，冷卻即成，放入香菜裝飾。

滿足館
Appetite

# 再來一碗飯

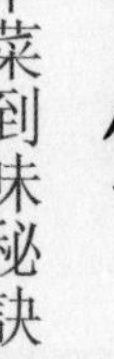

## 53道中菜到味秘訣


作者、攝影　邱裕民
責任編輯　梁淑玲
封面、內頁設計　葛雲
感謝贈品協力　新好園家庭事業股份有限公司

副總編輯　曹馥蘭
主　　編　梁淑玲
行銷企劃　歐子玲
印務主任　黃禮賢

社　　長　郭重興
發行人兼出版總監　曾大福
出 版 者　幸福文化
發　　行　遠足文化事業股份有限公司
地　　址　231 新北市新店區民權路 108-2 號 9 樓
電　　話　（02）2218-1417
傳　　真　（02）2218-8057
郵撥帳號　19504465
戶　　名　遠足文化事業股份有限公司
印　　刷　通南彩色印刷有限公司
電　　話　（02）2265-1491
法律顧問　華洋國際專利商標事務所 蘇文生律師
初版三刷　2014 年 2 月
定　　價　380 元





國家圖書館出版品預行編目 (CIP) 資料

再來一碗飯：
53 道中菜到味秘訣 /
邱裕民著；

-- 初版 . -- 新北市 : 幸福文化出版 :
遠足文化發行 , 2014.01
面； 公分 . -- ( 滿足館 Appetite ; 28)
ISBN 978-986-89591-7-0( 平裝 )

1. 食譜 2. 中國

427.11　　102025808

# 好禮大放送

您只要填好本書的**「讀者回函卡」**，寄回本公司（直接投郵），就有機會免費得到好禮。

獎項內容 **九垚陶瓷水果刀**（橘色手把）／價值 950 元（共 2 名）

參加辦法 只需填好本書的「讀者回函卡」（免貼郵票，直接投郵），在 **2014 年 4 月 3 日**（以郵戳為憑）以前寄回【幸福文化】，本公司將抽出 2 名幸運讀者，得獎名單將在 2014 年 4 月 11 日公佈於——

共和國網站 http://www.bookrep.com.tw

幸福文化部落格 http://mavis57168.pixnet.net/blog

幸福文化粉絲團 http://www.facebook.com/happinessbookrep

＊以上獎項，非常感謝「新好園家庭事業股份有限公司」贊助。

請沿虛線剪下，黏貼好後，直接投入郵筒寄回

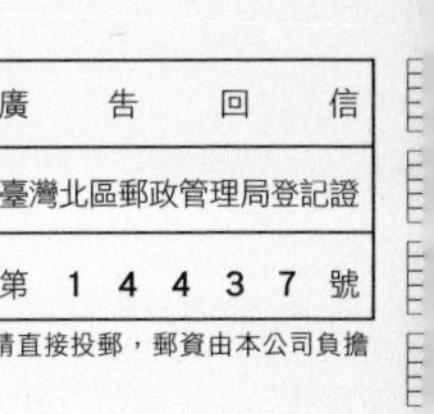



23141

新北市新店區民權路108-1號4樓

**遠足文化事業股份有限公司　收**

## 讀者回函卡

感謝您購買本公司出版的書籍，您的建議就是幸福文化前進的原動力。請撥冗填寫此卡，我們將不定期提供您最新的出版訊息與優惠活動。您的支持與鼓勵，將使我們更加努力製作出更好的作品。

### 讀者資料

●姓名：＿＿＿＿＿＿ ●性別：□男　□女 ●出生年月日：民國＿＿年＿＿月＿＿日

●E-mail：＿＿＿＿＿＿＿＿＿＿＿＿＿＿＿＿＿＿＿＿

●地址：□□□□□＿＿＿＿＿＿＿＿＿＿＿＿＿＿＿＿＿＿

●電話：＿＿＿＿＿＿＿ 手機：＿＿＿＿＿＿＿ 傳真：＿＿＿＿＿＿＿

●職業： □學生□生產、製造□金融、商業□傳播、廣告□軍人、公務□教育、文化□旅遊、運輸□醫療、保健□仲介、服務□自由、家管□其他

### 購書資料

1. 您如何購買本書？□一般書店（　　　縣市　　　　書店）
   □網路書店（　　　　　書店）□量販店　□郵購　□其他
2. 您從何處知道本書？□一般書店　□網路書店（　　　　　書店）　□量販店
   □報紙　□廣播　□電視　□朋友推薦　□其他
3. 您通常以何種方式購書（可複選）？□逛書店　□逛量販店　□網路　□郵購
   □信用卡傳真　□其他
4. 您購買本書的原因？□喜歡作者　□對內容感興趣　□工作需要　□其他
5. 您對本書的評價：（請填代號 1.非常滿意　2.滿意　3.尚可　4.待改進）
   □定價　□內容　□版面編排　□印刷　□整體評價
6. 您的閱讀習慣：□生活風格　□休閒旅遊　□健康醫療　□美容造型　□兩性
   □文史哲　□藝術　□百科　□圖鑑　□其他
7. 您最喜歡哪一類的飲食書：□食譜　□飲食文學　□美食導覽　□圖鑑　□百科
   □其他

8.您對本書或本公司的建議：

＿＿＿＿＿＿＿＿＿＿＿＿＿＿＿＿＿＿＿＿＿＿＿＿＿＿

＿＿＿＿＿＿＿＿＿＿＿＿＿＿＿＿＿＿＿＿＿＿＿＿＿＿

＿＿＿＿＿＿＿＿＿＿＿＿＿＿＿＿＿＿＿＿＿＿＿＿＿＿

＿＿＿＿＿＿＿＿＿＿＿＿＿＿＿＿＿＿＿＿＿＿＿＿＿＿

備註：本讀者回函卡影印與傳真皆無效，資料未填完整者即喪失抽獎資格。